U0320735

畜牧业养殖实用技术与应用

于国刚　张广智　王　娟◎编著

西北农林科技大学出版社

图书在版编目（CIP）数据

畜牧业养殖实用技术与应用 / 于国刚，张广智，王娟编著. — 杨凌：西北农林科技大学出版社，2020.10

ISBN 978-7-5683-0883-0

Ⅰ.①畜… Ⅱ.①于… ②张… ③王… Ⅲ.①畜禽—饲养管理—研究 Ⅳ.①S815

中国版本图书馆 CIP 数据核字 (2020) 第 206882 号

畜牧业养殖实用技术与应用

于国刚　张广智　王　娟　**编著**

出版发行　西北农林科技大学出版社

地　　址　陕西杨凌杨武路 3 号　　　邮　编：712100

电　　话　总编室：029-87093195　　发行部：029-87093302

电子邮箱　press0809@163.com

印　　刷　天津雅泽印刷有限公司

版　　次　2021 年 2 月第 1 版

印　　次　2021 年 2 月第 1 次印刷

开　　本　787mm×1092mm　1/16

印　　张　10.75

字　　数　260 千字

ISBN 978-7-5683-0883-0

定价：52.00 元

前　言

改革开放以来，我国畜牧业得到了前所未有的发展，不仅促进了经济的快速增长，还逐渐满足了国民日益增长的物质需求，进一步提高了我国居民的生活水平。至2009年，我国的绵羊、山羊、生猪存栏量均排名世界第一，牛的存栏量排名世界第三，我国人均肉类占有量已经超过了世界的平均水平，禽蛋占有量达到发达国家平均水平，而奶类人均占有量仅为世界平均水平的1/13。养殖者的理念、积极性及养殖业结构、规模都已经发生了根本性的改变，即由家庭散养、简单经营、技术条件落后、解决温饱的副业形式升级为集中连片、科学管理、技术条件先进、产品物流化流通的现代产业化生产形式。现代畜牧养殖业已经成为我国农业和农村经济中最具活力的增长点和最主要的支柱产业之一，为丰富“菜篮子”、满足人民物质生活、改善膳食结构做出了一定的贡献，也为农业增收和农村小康建设奠定了良好的基础。

目前我国畜牧养殖业的主体主要是广大的农牧民，主要阵地在广大农村。养殖业要想得到安全、绿色、质量高、数量多的产品，就要以科学化管理的理念、科学养殖技术、科学的疫病防治技术措施、科学的饲草料加工调制和利用技术等保驾护航，才会使这一朝阳产业走出日新月异的可持续发展之路。而目前的状况是科学的养殖技术还远远没有得到普及和广泛推广，畜牧科技工作者使命光荣，任重道远！

该书内容丰富，涵盖了农村牧区养殖的各个方面，同时涵盖了国内外畜牧业发展状况、养殖设施及设备、养殖技术、家畜疫病的防治、饲草饲料、污水的处理、未来畜牧业的发展方向等内容。

由于编者水平有限，参编撰稿人员多，错误和疏漏之处在所难免，恳请读者见谅，并批评和指正。

编　者

2020年6月

前言

目　录

第一章 绪　论

第一节 我国现代畜牧业的发展状况

近些年来，我国畜牧业取得了巨大成就，已经从家庭副业发展为农业和农村经济的支柱产业，成为农民增收致富的重要渠道。我国畜牧业在保障市场有效供给、增加农民收入、带动相关产业发展等方面发挥着重要作用。因此，需要加快转变畜牧业增长方式，快速推动现代畜牧业建设的进程。那么，宣传普及现代畜牧业高效科学养殖技术具有重要的现实意义。

一、我国畜牧业发展现状

近 10 多年来，我国畜牧业生产继续呈现稳步、健康发展的态势，主要畜产品持续增长，生产结构进一步优化，畜牧业继续由数量型向质量效率型转变，畜牧业产值占农业生产总产值的比重已经超过 50%，畜牧业已经成为我国农业和农村经济中最有活力的增长点和最主要的支柱产业。畜牧业产业收入已经成为农民家庭经营收入的重要来源。

联合国粮农组织在 2009 年公布的我国畜牧养殖产业统计资料：生猪存栏 5.23 亿头，占世界存栏总数的 50.9%，居世界第一位；绵羊 2.19 亿只，占世界存栏总数的 18.72%，居世界第一位；山羊 2.46 亿只，占世界存栏总数的 25.14%，居世界第一位；牛 1.89 亿头，占世界存栏总数的 9.2%，居世界第三位。肉类总产量达 10 845 万吨，禽蛋（不含鸡蛋）843.6 万吨，鸡蛋 3578.6 万吨，奶类 3785 万吨，其中肉类产量占世界总产量的 30%，禽蛋产量占 80%，鸡蛋产量占 40%，奶类产量占 5%。截至目前，我国人均肉类占有量已经超过了世界的平均水平，禽蛋占有量达到发达国家平均水平，而奶类人均占有量仅为世界平均水平的 1/13。从以上数据可以看出我国畜牧业在改革开放的三十年间取得了飞速的发展。

二、我国畜牧养殖业发展中存在的问题

（一）农村养殖户缺乏技术

长期以来中国农村生产模式还是以传统的农业生产为主，小规模生产、自然经济仍占据主导地位。在养殖业方面则体现为以散养为主，处于家庭生产的副业地位。这种散养模式与科学化、规模化、集约化生产的现代养殖业相比相距甚远。散户养殖生产设备、生产技术以及生产条件相对落后，尤其在思想意识方面不能适应现代化养殖业的需要。大部分散养殖户仍旧把农业养殖当作家庭收入的一种补充形式，加之这些养殖户文化水平相对较低，接受现代化的专业养殖技能比较困难，科学养殖相关知识普及率还不高，这也成为在农村大规模发展养殖业的一个瓶颈。

（二）环境污染严重

畜牧养殖业所产生的大量粪便如果处理不好，则会对当地环境直接造成污染和破坏。

目前，中、小型养殖场特别是小规模的家庭散户养殖，对畜禽的粪便处理还缺乏相应的环保措施和废物处理系统，粪便未经无害处理直接大量露天堆放或直接排入河流，对家畜和环境造成污染，同时这些大量放置的粪便也导致了一些人畜疫病的发生。现有的解决方法一般为水冲式和沼气利用。采用水冲式清粪则产生大量的处理污水，这些污水如能经过分离后排入农田，可以达到利用效果，如直接或间接排入河道，对地表水造成严重污染。另外，畜禽粪便发酵后产生大量的二氧化碳、氨气、硫化氢等有害气体，如果直接排放到大气中，则会危害人类健康，加剧空气污染。但若将其收集利用，加工成沼气，将变害为宝，实现再利用。

（三）饲料资源短缺

长期以来，我国畜牧养殖业的发展主要依靠粮食生产。虽然我国粮食总产量有一定程度增长，但增幅不大。同时我国人口也在增长，加之畜牧养殖用地因各种原因逐年减少、我国粮食产量相对下降的现实，畜牧养殖业的发展实际上已经受到粮食不能足量供给因素的制约，饲粮短缺的情况严重制约了畜牧业的可持续发展。

（四）畜产品药物残留量依然居高不下

随着抗生素、化学合成药物和饲料添加剂等在畜牧业中的广泛应用，在实现降低动物死亡率、缩短动物饲养周期、促进动物产品产量增长目标的同时，由于操作和使用不当以及少数养殖户在利益驱使下违规违法使用，造成畜产品中的兽药及一些重金属、抗生素等危害人体健康的兽药残留增加，“三

致（致畸、致癌、致突变）”现象时有发生，使畜产品的安全问题引起社会的广泛关注。

（五）科学养殖技术成果转化与推广力度不足

我国传统的畜牧养殖技术已经跟不上现代化的畜牧养殖要求，虽然我国在畜牧养殖方面的科技研究工作一直很受重视，研究成果也不少，但这些科技成果的转化率不高，科技成果转化推广机构和科研单位的有效联系与合作还不够密切，存在严重脱节现象，一些地方政府对科研成果的转化工作没有足够的认识和重视，推广经费有一定缺口，许多“安全、高产、优质、高效”的现代畜牧业生产技术的利用只停留在口头上，没有得到有效利用。此外，我国从事畜牧业生产的人员素质普遍偏低，使畜牧业养殖技术推广困难，阻碍了畜牧业可持续发展的进程，亟待对他们进行培训以提高其业务能力和水平。

第二节　畜牧业发展主要政策措施

一、加强领导，落实任务

各地区要切实加强对农区畜牧业工作的领导，充实完善相应的领导机构，层层分片包干落实工作任务。要从本地区的实际出发，明确农区畜牧业的发展思路和发展目标，因地制宜地制定和出台一些支持农区畜牧业发展的优惠政策，激发和调动农牧民发展畜牧业的积极性。

二、建立健全稳定的投入保障机制

要坚持国家、地方、集体、个人一起上的方针，多渠道、多层次、多方位筹集农区畜牧业建设资金，始终把农民作为发展农区畜牧业的投入主体。积极建构四级投资匹配体系，加大国家投入的引导力度，推广优良品种，发展饲草料加工。合作信用社要积极争取再贷款，把畜牧业作为重点投向之一，农业银行要在确保贷款“三性”的前提下，积极支持农区畜牧业发展。要积极推广农区畜牧业的对外开放，大力招商引资，广泛吸引社会各方面的投资，增加畜牧业投入。

三、走小规模、大群体的发展道路

发展规模经营，形成地域优势、专业优势，是近年农区畜牧业发展过程中总结出的重要经验。要进行区域性产业开发，抓区域性布局，专业化生产，兴一业、富一乡，抓一品、富一村。要充分重视龙头企业的带动作用，发展规模经营，推广公司加农户、市场加农户、服务体系加农户以及行业协会、专业组织联农户等产业化发展模式，加强各类专业性基地建设。要继续实施“十百千”工程，把种养结合专业户作为发展的基础，在专业户的基础上建设专业村，在专业村的基础上建设示范区，以此带动区域化规模经营。

四、加快草地建设和农副产品资源转化的步伐

要处理好农牧林三者的关系，建立适应农区畜牧业发展的新种植业结构。半农半牧区、退耕还牧地区要加大人工草地建设力度。山旱区要利用国家生态建设的投资，种树种草恢复植被，发展舍饲圈养。要加快“五荒地”有偿承包、拍卖和转让工作，引导、鼓励农民种树种草，改善生态环境，在建设和保护的基础上，合理开发和利用林草资源。

要大力发展饲草加工业。在大力发展养殖村、养殖户粗加工的基础上，有条件的地方应因地制宜地发展一批饲草料加工企业，生产混配饲料及饲料添加剂。饲料加工企业可以采取代加工、以料换粮等形式，为广大养殖户提供高效配合饲料、混合饲料，提高配合饲料的入户率。同时要大力推广秸秆加工调制技术，力争使秸秆的利用率达到 50% 以上。

五、加强服务体系建设，搞好综合配套服务

要进一步加大科技推广力度，增加农区畜牧业的科技含量：一要结合牲畜“种子工程”建设，健全良种繁育体系；二要推广科学饲养技术、因地制宜，实现模式化饲养；三要积极推广和应用畜产品保鲜、加工、包装、贮运等先进技术，提高畜产品的附加值；四要加大农牧民科技培训力度，结合“绿色证书”工程，为农村牧区培养技术能手和初中级畜牧业科技人员；五要搞好试验示范工作，使那些见效快、投资少、简便易行的实用增产技术尽快配套组装，用于生产；六要搞好科技、市场、信息、供销等社会化服务体系建设，使其服务领域逐步向产前、产中、产后延伸和扩展。

六、培育龙头企业，搞活市场流通，推动农区畜牧业产业化进程

要以开发“绿色食品”和优质名牌产品为重点，在壮大现有龙头企业的基础上，培育一大批中小型农畜产品加工、贮藏和运销企业，带动农户实现规模经营。同时，要加快农区畜牧业市场建设，搞活搞好畜产品流通，在引导农民进入市场、鼓励发展贩运队伍、培育中介组织的基础上，选择一些畜产品集散地，因势利导地兴建一批贯通城乡、辐射面广、吸引力强、吞吐能力大的活畜和畜产品交易市场。

第二章　养殖设施及设备

第一节　设施养殖的概念和类型

一、设施养殖的概念和类型

设施养殖是利用建筑设施和设备及环境调控技术为畜禽养殖创造比较适宜的生活环境，为畜禽的规模化、工厂化、集约化生产创造适宜的工艺模式和工程配套技术。它和畜禽遗传育种技术、饲料营养技术、兽医防疫技术等一起支撑现代畜牧业的发展，是现代畜禽养殖技术发展的重要标志。主要内容包括：养殖场规划与畜舍建筑标准化技术、畜禽规模化养殖废弃物处理与利用技术、畜禽养殖清洁生产与节能减排技术等。

设施养殖主要有水产养殖和畜牧养殖两大类。

水产养殖按技术分类有围网养殖技术和网箱养殖技术。在畜牧养殖方面，大型养殖场或养殖试验示范基地的养殖设施主要是开放（敞）式和有窗式。开放（敞）式养殖设备造价低，通风透气，可节约能源。有窗式养殖优点是可为畜、禽类创造良好的环境条件，但投资比较大。北方养殖主要以暖棚圈养为主，采取规模化暖棚圈养，实行秋冬季温棚开窗养殖、春夏季开放（敞）式养殖的方式。

二、设施养殖的发展趋势

世界设施养殖技术的发展趋势是，从更多地利用动物行为和动物福利角度考虑畜舍的建筑空间和饲养设备；从环境系统角度综合考虑系统通风、降温与加温等的环境控制技术，使这些技术得到发展与推广应用。结合当地自然条件，充分利用自然资源的综合环境调控技术及其配套设施设备的开发应用是世界各国都在追求的目标。我国设施养殖产业化中各项技术的发展，必须根据国情，针对现状，认真研究，正确引导，稳定而持续发展设施养殖业，从而健康快速地推动设施养殖产业化经营的历史进程。

第二节 圈舍建设

一、羊舍建设

（一）羊舍建设要求

1. 建筑面积要充足，使羊可以自由活动。拥挤、潮湿、不通风的羊舍，有碍羊只的健康生长，同时在管理上也不方便。特别是在夏天潮湿季节，尤其要注意建筑时每只羊最低占有面积：种公羊 1.5~2 平方米、成年母羊 0.8~1.6 平方米、育成羊 0.6~0.8 平方米、怀孕或哺乳羊 2.3~2.5 平方米。

2. 建筑材料的选择以经济耐用为原则，可以就地取材，石块、砖头、土坯、木材等均可。

3. 羊舍的高度要根据羊舍类型和容纳羊群数量而定。羊只多需要较高的羊舍高度，使舍内空气新鲜，但不应过高，一般由地面至棚顶以 2.5 米左右为宜，潮湿地区可适当高些。

4. 合理设计门窗，羊进出舍门容易拥挤，如门太窄孕羊可能因受外力挤压而流产，所以门应适当宽一些，一般宽 3 米、高 2 米为宜。要特别注意：门应朝外开。如饲养羊只少，体积也相应小的羊，舍门可建宽 1.5~2 米比较合适，寒冷地区舍门外可加建套门。

5. 羊舍内应有足够的光线，以保持舍内卫生，要求窗面积占地面面积的 1/15，窗要向阳，距地面高 1.5 米以上，防止贼风直接袭击羊体。

6. 羊舍地面应高出舍外地面 20~30 厘米，铺成缓坡形，以利排水。羊舍地面以土、砖或石块铺垫。饲料间地面可用水泥或木板铺设。

7. 保持适宜的温度和通风，一般羊舍冬季保持 0℃以上即可，羔羊舍温度不低于 8℃，产房温度在 10℃ ~18℃比较适宜。

（二）羊舍类型

1. 按羊舍的用途划分

（1）公羊舍和青年羊舍——封闭双坡式羊舍，饲槽有单列式和双列式。

在北方，冬季寒冷，羊舍南面可半敞开，北面封闭而开小窗户，运动场设在南面，单列式小间适于饲养公羊，大间适于饲养青年羊。

（2）成年母羊舍——双列式。成年母羊舍可建成双坡、双列式。

在北方，南面设大窗户，北面设小窗户，中间或两端可设单独的专用生产室。舍内水泥地面，有排水沟，舍外设带有凉棚和饲槽的运动场。舍内设

有饲槽和栏杆。

（3）羔羊舍——保暖式。羔羊舍在北方关键在于保暖，若为平房，其房顶、墙壁应有隔热层，材料可用锯末、刨花、石棉、玻璃纤维、膨胀聚苯乙烯等。舍内为水泥地面，排水良好。屋顶和正面两侧墙壁下部设通风孔。房的两侧墙壁上部设通风扇。室内设饲槽和喂奶间，运动场以土地面为宜，中部建筑运动台或假山。

2. 按羊舍的建设形式划分

（1）双坡或长方形羊舍，这是我国养羊业较为常见的一种羊舍形式，可根据不同的饲养方式、饲养品种及类别，设计内部结构、布局和运动场。羊舍前檐高度一般为 2.5 米，后墙高度 1.8 米，舍顶设通风口，门以羊能够通过不致拥挤为宜，怀孕母羊和产羔母羊经过的舍门一定要宽，一般为 2~2.5 米，外开门或推拉门，其他羊的门可窄些。羊舍的窗户面积为占地面积的 1/15，并要向阳。羊舍的地面要高出舍外地面 20~30 厘米，羊舍最好用三合土夯实或用沙性土做地面。

（2）半坡式或后坡式前坡短塑料薄膜大棚式羊舍，适合于饲羊绒山羊，塑料大棚式羊舍后斜面为永久性棚舍，夏季使用防雨遮阴，冬季可以防寒保暖。夏季去掉薄膜成为敞棚式羊舍。设计一般为中梁高 2.5 米，后墙内净高 1.8 米，前墙高 1.2 米，两侧前沿墙（山墙的敞露部分）上部垒成斜坡，坡度也就是大棚的角度，以 41°~64.5° 为宜。在羊舍一侧的墙上开一个高 1.8 米、宽 1.2 米的门，供饲养员出入，前墙留有供羊群出入的门。

（三）羊舍与运动场的建设标准

1. 羊舍建设面积

种公羊绵羊 1.5~2.0 平方米 / 只，山羊 2.0~3.0 平方米 / 只，怀孕或哺乳母羊 2.0~2.5 平方米 / 只，育肥羊或淘汰羊可考虑在 0.8~1.0 平方米 / 只。

2. 运动场

羊舍紧靠出入口应设有运动场，运动场也应是地势高燥，排水也要良好。运动场的面积可视羊只的数量而定，但一定要大于羊舍，能够保证羊只的充分活动为原则。运动场建设面积：种公羊绵羊一般平均为 5~10 平方米 / 只，山羊 10~15 平方米 / 只，种母羊绵羊平均 3 平方米 / 只，山羊 5 平方米 / 只，产绒羊 2.5 平方米 / 只，育肥羊或淘汰羊 2 平方米 / 只。运动场周围要用墙或围栏围起来，周围栽上树，夏季要有遮阴、避雨的地方。运动场墙高：绵羊 1.3 米，山羊 1.6 米。

3. 饲槽

可以用水泥砌成上宽下窄的槽，上宽约 30 厘米，深 25 厘米左右。水泥槽便于饮水，但冬季容易结冰，而且不容易清洗和消毒。用木板做成的饲槽可以移动，克服了水泥槽的缺点，长度可视羊只的多少而定，以搬动、清洗和消毒方便为原则。

二、牛舍建设

（一）牛舍建设要求

牛舍建筑要根据当地的气温变化和牛场生产、用途等因素来确定。建牛舍因陋就简，就地取材，经济实用，还要符合兽医卫生要求，做到科学合理。有条件的，可建质量好的、经久耐用的牛舍。牛舍以坐北朝南或朝东南好。牛舍要有一定数量和大小适宜的窗户，以保证太阳光线充足和空气流通。房顶有一定厚度，隔热保温性能好。

舍内各种设施的安置应科学合理，以利于牛生长。

（二）牛舍的基本结构

1. 地基与墙体

基深 0.8~1 米，砖墙厚 0.24 米，双坡式牛舍脊高 4.0~5.0 米，前后檐高 3.0~3.5 米。牛舍内墙的下部设墙围，防止水气渗入墙体，提高墙的坚固性、保温性。

2. 门窗

门高 2.1~2.2 米，宽 2~2.5 米。门一般设成双开门，也可设上下翻卷门。封闭式的窗应大一些，高 1.5 米，宽 1.5 米，窗台高距地面 1.2 米为宜。

3. 运动场

为加强奶牛运动，促进奶牛健康与高产，应配置足够面积的运动场：成年乳牛 25~30 平方米 / 头；青年牛 20~25 平方米 / 头；育成牛 15~20 平方米 / 头；犊牛 10 平方米 / 头。运动场按 50~100 头的规模用围栏分成小的区域。

4. 屋顶

最常用的是双坡式屋顶。这种形式的屋顶可适用于较大跨度的牛舍，可用于各种规模的各类牛群。这种屋顶既经济，保温性又好，而且容易施工修建。

5. 牛床和饲槽

牛场多为群饲通槽喂养。牛床一般要求是长 1.6~1.8 米，宽 1.0~1.2 米。牛床坡度为 1.5°，牛槽端位置高。饲槽设在牛床前面，以固定式水泥槽最适用，其上宽 0.6~0.8 米，底宽 0.35~0.40 米，呈弧形，槽内缘高 0.35 米（靠牛床一侧），外缘高 0.6~0.8 米（靠走道一侧）。为操作简便，节约劳力，应建高通道，低槽位的道槽合一式为好。即槽外缘和通道在一个水平面上。

6. 通道和粪便沟

对头式饲养的双列牛舍，中间通道宽 1.4~1.8 米。通道宽度应以送料车能通过为原则。若建道槽合一式，道宽 3 米为宜（含料槽宽）。

粪便沟宽应以常规铁锨正常推行宽度为易，宽 0.25~0.3 米，深 0.15~0.3 米，倾斜度 1∶50~1∶100。

（三）牛舍类型

1. 牛舍按开放程度分为以下三种。

（1）全开放式牛舍：结构简单、施工方便、造价低廉，适合我国中部和北方等气候干燥的地区。但因外围护结构开放，不利于人工气候调控，在炎热南方和寒冷北方不适合。

（2）半开放式牛舍：适用区域广泛。三面有墙，向阳一面敞开，有顶棚，在敞开一侧设有围栏。南面的开敞部分在夏季、冬季可以遮拦，形成封闭状态。

（3）全封闭式牛舍：主要采用人工光照、通风、气候调控，造价较高，适合南方炎热和北方寒冷区域。

2. 牛舍按屋顶结构分为钟楼式、半钟楼式、双坡式和单坡式等。

钟楼式牛舍通风良好，能较好地解决夏季闷热的问题，缺点是构造复杂、耗料增加、造价较高，窗扇的启闭和擦洗不太方便。半钟楼式牛舍构造简单，但开窗通风效果不如钟楼式牛舍理想，夏季牛舍一侧较热。单坡式一般跨度小，结构简单，造价低，光照和通风好，适合小规模牛场。双坡式一般跨度大，双列牛舍和多列牛舍常用该形式，其保温效果好，但投资较多。

3. 按奶牛在舍内的排列方式分为：单列式、双列式、三列式或四列式等。

（1）单列式牛舍

单列式牛舍只有一排牛床，前为饲料道，后为清粪道。适用于饲养 25 头奶牛以下的小型牛舍。缺点是每头牛的占地面积大，优点是牛舍的跨度较小，易于建造、通风良好。

（2）双列式牛舍

两排牛床并列布置，稍具规模的奶牛场大都是双列式牛舍。按照两列牛体相对位置又可分为对头式牛舍和对尾式牛舍。

（3）三列式或四列式牛舍

牛床平行按三列或四列排列，也有对头或对尾布置。这种布置适用于大型牛舍。牛只集约性大，便于机械化供饲、清粪和通风。其缺点是牛舍建筑跨度大、造价高。

三、猪舍建设

（一）猪舍建设要求

由于北方冬季寒冷，气温偏低，猪舍建造的好与坏（尤其是保温）会直接影响到养猪的经济效益。建造猪舍时，要注意以下几点：

1. 忌选择场址不当

有的地方建猪舍，出于方便参观学习的想法，将猪场紧靠公路建造。这主要有两点不利：一是因公路白天黑夜人流、车流、物流太频繁，猪场易发生传染病；二是噪声太大，猪整天不得安宁，对猪生长不利。猪场场址的选择，宜离公路100米以外，应远离村庄和畜产品加工厂、来往行人要少、要在住房的下风方向，地势高燥、避风向阳、土质渗水性强、未被病原微生物污染且水源清洁，取水方便的地方。

2. 忌猪舍配置不佳

安排猪舍时要考虑猪群生产需要。公猪舍应建在猪场的上风区，既与母猪舍相邻，又要保持一定的距离。哺乳母猪舍、妊娠母猪舍、育成猪舍、后备猪舍要建在距离猪场大门口稍近一些的地方，以便于运输。

3. 忌猪舍密度过大

有些养猪户为了节省土地、减少投入，猪舍简陋、密集、不能科学合理地进行设计和布局，致使猪的饲养密度较大，易造成环境污染及猪群间相互感染。猪舍之间的距离至少8米以上，中间可种植果树、林木夏季遮阴。

4. 忌建筑模式单一

母猪舍、公猪舍、肥猪舍模式都有各自的具体要求，不能都建一个样。比如，母猪舍需设护仔间，而其他猪舍就不需要。公猪舍墙壁需坚固些，围墙需高些等。所以，养什么猪，就要建什么猪舍才行。

5. 忌建猪舍无窗户（或窗户太小）

有的猪场猪舍一个窗户也没有，有的虽有窗户，但窗户太小、太少，夏天不利舍内通风降温。一般情况下，能养10头育肥猪的猪舍，后墙需留0.6~0.7米的窗户4个、两侧山墙留0.5~0.7米窗户2个。

6. 忌粪便污水乱排

猪舍外无粪池，一是收集粪便难，肥料易流失，肥力会降低；二是会影响猪舍清洁卫生。猪舍内污水沟应有足够的坡度，以利于污水顺利流出；污水的流出顺序应遵循就近原则，不要让污水在场内绕圈。猪舍外必须建造粪池或沼气池；沤粪池（或沼气池）大小，可根据养猪的规模大小而定。

7. 忌缮瓦多缮草少

农村猪舍屋顶都是缮瓦多，缮草少。这样做一是瓦比草贵，加大了养猪成本；二是夏降温、冬防寒、瓦不如草好。缮瓦夏热冬冷，缮草冬暖夏凉。

8. 忌饲槽规格不当

有的猪舍内的饲槽未按要求规格建造。如有的因饲槽太大，猪会进入槽内吃食，从而造成污染和浪费饲料，仔猪舍如果料槽过大，有的仔猪喜欢钻进料槽，易造成夹伤、夹死现象；育肥猪的饲槽过小，会使饲料外益，造成浪费，猪头过大的猪采食后头会被卡在槽内导致脖、耳受伤。猪舍内的饲槽一般要依墙而建，槽底应呈“U”形，饲槽大小应根据猪的种类和猪的数量多少而定。

9. 忌猪舍内无水槽

缺少清洁饮水会影响猪的生长发育，所以在猪舍内必须设置水槽或者自动饮水器。

10. 忌猪舍小、围墙矮

猪舍太小不利于空气流通，有害气体易导致猪患病，且夏季猪舍温度高不利于降温。猪舍的运动场围墙若太矮小，一是不利于采用塑棚养猪，即因围墙太矮，猪一抬头，就会碰坏塑料薄膜；二是猪轻易越墙外逃，给管理带来麻烦。一般猪舍后墙高宜为 1.8 米左右，围墙高宜在 1.3 米左右。

（二）猪舍的基本结构

一列完整的猪舍，主要由墙壁、屋顶、地面、门、窗、粪便沟、隔栏等部分构成。

1. 墙壁

要求坚固、耐用，保温性好。比较理想的墙壁为砖砌墙，要求水泥勾缝，离地 0.8~1.0 米水泥抹面。

2. 屋顶

较理想的屋顶为水泥预制板平板式，并加 0.15~0.2 米厚的土以利保温、防暑。

3. 地面

地面要求坚固、耐用，渗水良好。比较理想的地面是水泥勾缝平砖式。其次为夯实的三合土地面，三合土要混合均匀，湿度适中，切实夯实。

4. 粪便沟

开放式猪舍要求设在前墙外面，全封闭、半封闭（冬天扣塑棚）猪舍可设在距南墙 0.4 米处，并加盖漏缝地板。粪便沟的宽度应根据舍内面积设计，至少有 0.3 米宽。漏缝地板的缝隙宽度要求不得大于 0.015 米。

5. 门窗

开放式猪舍运动场前墙应设有门，高 0.8~1.0 米，宽 0.6 米，要求特别结实，尤其是种猪舍；半封闭猪舍则在与运动场的隔墙上开门，高 0.8 米，宽 0.6 米；全封闭猪舍仅在饲喂通道侧设门，门高 0.8~1.0 米，宽 0.6 米。通道的门高 1.8 米，宽 1.0 米。无论哪种猪舍都应设后窗。开放式、半封闭式猪舍的后窗长与高皆为 0.4 米，上框距墙顶 0.4 米；半封闭式中隔墙窗户及全封闭猪舍的前窗要尽量大，下框距地应为 1.1 米；全封闭猪舍的后墙窗户可大可小，若条件允许，可装双层玻璃。

6. 猪栏

除通栏猪舍外，在一般密闭猪舍内均需建隔栏。隔栏材料基本上是两种，砖砌墙水泥抹面及钢栅栏。纵隔栏应为固定栅栏，横隔栏可为活动栅栏，以便进行舍内面积的调节。

四、猪舍类型

（一）按猪舍的屋顶形式分

猪舍有单坡式、双坡式等。单坡式一般跨度小，结构简单，造价低，光照和通风好，适合小规模猪场。双坡式一般跨度大，双列猪舍和多列猪舍常用该形式，其保温效果好，但投资较多。

（二）按猪舍墙的结构和有无窗户分

猪舍有开放式、半开放式和封闭式。开放式是三面有墙一面无墙，通风透光好，不保温，造价低。半开放式是三面有墙一面半截墙，保温稍优于开放式。封闭式是四面有墙，又可分为有窗和无窗两种。

（三）按猪舍猪栏的排列分

猪舍有单列式、双列式和多列式。

1. 单列式

猪栏排成一列，猪舍内靠北墙有设与不设工作走廊之分。其通风采光良好，保温、防潮和空气清新，构造简单，一般猪场多采用此形式。

2. 双列式

在舍内将猪栏排成两列，中间设一工作通道，一般没有运动场。主要优点是管理方便，保温良好，便于实行机械化，猪舍建筑利用率高。缺点是采光差，易潮湿，没有单列式猪舍安静，建造比较复杂。一般常采用此种建筑饲养育肥猪。

3. 多列式

猪栏排列在三列以上，但以四列式较多。多列式猪舍猪栏集中，运输线

短，养殖功效高，散热面积小，冬季保温好，但结构复杂，采光不足，阴暗潮湿，容易传染疾病，建筑材料要求高，投资多。此种猪舍适于大群饲养育肥猪。

（四）按猪舍的用途分

1. 公猪舍

公猪舍一般为单列半开放式，舍内温度要求 15℃ ~20℃，风速为 0.2 米 / 秒，内设走廊，外有小运动场，以增加种公猪的运动量。

2. 空怀、妊娠母猪舍

空怀、妊娠母猪最常用的一种饲养方式是分组大栏群饲，一般每栏饲养空怀母猪 4~5 头、妊娠母猪 2~4 头。圈栏的结构有实体式、栅栏式、综合式三种，猪圈布置多为单走道双列式。猪圈面积一般为 7~9 平方米，地面坡降不要大于 1/45，地表不要太光滑，以防母猪跌倒。也有用单圈饲养，一圈一头。舍温要求 15℃ ~20℃，风速为 0.2 米 / 秒。

3. 分娩哺育舍

舍内设有分娩栏，布置多为两列或三列式。舍内温度要求 15℃ ~20℃，风速为 0.2 米 / 秒。分娩栏位结构也因条件而异。①地面分娩栏：采用单体栏，中间部分是母猪限位架，两侧是仔猪采食、饮水、取暖等活动的地方。母猪限位架的前方是前门，前门上设有食槽和饮水器，供母猪采食、饮水，限位架后部有后门，供母猪进入及清粪操作。可在栏位后部设漏缝地板，以排除栏内的粪便和污物。②网上分娩栏：主要由分娩栏、仔猪围栏、钢筋编织的漏缝地板网、保温箱、支腿等组成。

4. 仔猪保育舍

舍内温度要求 26℃ ~30℃，风速为 0.2 米 / 秒。可采用网上保育栏，1~2 窝一栏，网上饲养，用自动落料食槽，自由采食。网上培育，减少了仔猪疾病的发生，有利于仔猪健康，提高了仔猪成活率。仔猪保育栏主要由钢筋编织的漏缝地板网、围栏、自动落食槽、连接卡等组成。

5. 生长、育肥舍和后备母猪

这三种猪舍均采用大栏地面群养方式，自由采食，其结构形式基本相同，只是在外形尺寸上因饲养头数和猪体大小的不同而有所变化。

五、北方塑料大棚猪舍构造

北方冬季气候寒冷，没有保温措施，自然气温下用敞圈养猪，猪长得很慢，饲料报酬很低，给养猪业造成很大的经济损失。塑料暖棚养猪解决了北方寒冷地区养猪生产的这一大难题。塑料暖棚猪舍可以用原来的简易猪舍改

造而成。总结各地经验，塑料暖棚猪舍建造要注意以下几点。

1. 建造尺寸

猪舍前高1.7米，后高1.5米，中高2.5米，内宽2米，跨高3米。猪舍房架为人字架，其前坡短、后坡长，房梁总长为3米，在房梁前的0.7米处竖立柱（即房子正中前），立柱上搭盖房梁，这样就形成都是23° 角的前坡短、后坡长的两面坡，这样冬季阳光可以直射到北墙上；而夏季太阳光入射角为70° ，阳光照不到猪床上，可达到冬暖夏凉。圈前留1.2米过道修围墙，围墙高0.8米，墙上每隔1米立0.9米高的立柱，立柱上铺一根通长的横杆，为冬季扣塑料膜用，每圈冬季饲养7头肥猪。

2. 建筑要点

水泥地面打完压光后，再用旧竹扫帚拍一拍，形成麻面，这样猪在上面行走不打滑。猪舍的房顶要抹0.03米厚的泥，然后再上瓦，这样冬季防风寒，夏季防日晒。猪舍的墙最好用空心砖，空心砖既防寒又保暖。

3. 冬季扣暖棚要领

一是扣暖棚时间应为11月初，拆除时间为3月下旬，可根据当地气温变化而定。二是扣暖棚时要用泥巴将塑料膜四周压严，并顺着前坡的木档将塑料膜固定住，以防大风刮破。三是在暖棚的最高点，每个猪舍要留一个通风孔，以排出棚内有害气体，降低棚内湿度。

第三节　大中型养殖场（公司）的规划设计

一、规划设计的基本原则和依据及场址选择

（一）养殖场设计原则及思路

1. 坚持效益优先的原则

在进行养殖场设计时，应坚持效益优先的原则，即追求经济效益、生态效益和社会效益的最大化。

2. 养殖场建设的资金必须落实而且建设项目需一次性完成

养殖场生产过程中一项最重要的工作就是防疫工作，其有效性直接影响着养殖生产的健康发展。我国不少养殖场的设计和建设由于资金困难，经常采取边施工、边生产，或者用非生产建筑代替生产用房的做法，使畜禽疾病连年流行，防疫工作难以有效实施，降低了养殖生产经济效益。因此，养殖场设计和建筑工程如土建工程、道路工程、管道工程以及供水、供暖、排水和绿化等工程必须一次性完成。

3. 坚持专业设计，最大限度杜绝非行业设计，以确保养殖场设计合理性

由于在养殖场集中饲养了大量的家畜，这就决定了养殖场建筑物有一些独特的性质和功能。养殖场建筑物一般可分为生产性建筑和辅助性建筑。要求这些建筑物既具有一般房屋的功能，又有适应动物饲养的特点；由于场内动物饲养密度大，所以需要有兽医卫生及防疫设施和完善的防疫制度；由于有大量的畜粪便产生，所以养殖场内必须具备完善的粪便处理系统；养殖场还必须有完善的供料贮料系统和供水系统。这些特性，决定了养殖场的设计、施工只有在畜牧兽医专业技术人员参与下，才能使养殖场的生产工艺和建筑设计符合养殖生产的要求，才能保证养殖场设计的科学性。

4. 把创造养殖生产适宜环境作为设计的重要内容

养殖场设计的目的在于为畜禽生长、发育、生产和健康创造适宜的环境条件。据有关研究，畜禽环境条件的生产效益占养殖生产总效益的20%~40%，仅次于饲料效应，可见创造适宜的动物生产环境十分重要。

5. 要尽可能采用科学的生产工艺

实践证明采用先进的生产工艺，走集约化的道路，以工厂化的生产方式进行养殖生产，将会获得高产、优质、高效的产品。

6. 畜禽生产建筑物的形式和结构必须突出因地制宜的特点

畜禽建筑不同于民用建筑，亦不同于工业建筑。畜舍既是动物的生活场所，又是养殖生产场所，舍内的空气环境诸如气温、湿度、有害气体、灰尘、微生物对畜禽影响很大。这增加了舍内环境调控的复杂性，使建筑形式和结构变得多样化。即使在同一地区，不同种畜禽，或同种畜禽的不同生理阶段，对环境的需求也不同，要求畜舍的结构、形式及环境控制措施也不同。只有针对具体地域环境和畜禽品种、年龄、性别、个体及动物行为的特点进行科学设计，才可保证畜禽生产高效低耗地进行。

7. 注意环境保护和节约投资

在养殖场设计过程中，要讲究实效，突出实用性，避免贪大求洋、华而不实，所有设施、设备都要实用、美观。

（二）养殖场址选择

具有一定规模的养殖场，在建场之前，必须对场址进行必要的选择，因为场址的好与坏直接关系到投产后场区小气候的状况、养殖场的经营管理及环境保护状况。场址的选择主要应从地形地势、土壤、水源、交通、电力、物质供应及周围环境的配置关系等自然条件和社会条件进行综合考虑，确定养殖场的位置。养殖场址选择应遵循“一高三好”的原则，即地势高、供水排水好、背风好、向阳好。

二、大中型养殖场的设计规范和标准

（一）养殖场的性质和规模

不同性质的养殖场，如种畜场、繁殖场、商品场，它们的公母比例、畜群组成和周转方式不同，对饲养管理和环境条件的要求不同，所采取的畜牧、兽医技术措施也不同。因此，在工艺设计中必须明确规定养殖场性质，并阐明其特点和要求。

养殖场的性质必须根据社会和生产的需要来决定。原种场、祖代场必须纳入国家或地方的良种繁育计划，并符合有关规定和标准。确定养殖场性质，还须考虑当地技术力量、资金、饲料等条件，经调查论证后方可决定。

所谓的养殖场规模一般是指养殖场饲养家畜的数量，通常以存栏繁殖母畜头（只）数表示，或以年上市商品畜禽头（只）数表示，或以常年存栏畜禽总头（只）数表示。养殖场规模是进行养殖场设计的基本数据。养殖场规模的确定除必须考虑社会和市场需求、资金投入、饲料和能源供应、技术和管理水平、环境污染等各种因素，还应考虑养殖场劳动定额和房舍利用率。

（二）主要工艺参数

养殖场工艺参数包括主要生产指标、耗料标准、畜群划分方式、各种畜群饲养日数、各阶段畜群死亡淘汰率以及劳动定额等。

（三）畜群组成及周转

根据畜禽在生产中的不同作用，或根据畜群各生长发育阶段的特点和对饲养管理的不同要求，应将畜禽分成不同类群，分别使用不同的畜舍设备，采用不同的饲养管理措施。在工艺设计中，应说明各类畜群的饲养时间和占栏时间，后者包括饲养时间加消毒空舍时间，分别算出各类群畜禽的存栏数和各种畜禽舍的数量，并绘出畜群周转框图，即生产工艺流程图。

（四）饲养管理方式

1. 饲养方式

饲养方式是指为便于饲养管理而采用的不同设备、设施（栏圈、笼具等），或每圈容纳的畜禽数量的多少或畜禽管理的不同形式。按饲养管理设备和设施不同，饲养方式可以分为笼养、网栅饲养、缝隙地板饲养、板条地面饲养或地面平养；按每圈畜禽数量多少，饲养方式可以分为单体饲养和群养；按管理形式，饲养方式可分为拴系饲养、散放饲养、无垫草饲养和厚垫草饲养。

饲养管理方式关系到畜舍内部设计及设备的选型配套，也关系到生产的

机械化程度、劳动效率和生产水平。在设计养殖场时，要根据实际情况，论证确定拟建养殖场的饲养管理方式，在工艺设计中应加以详尽说明。

2. 饲喂方式

饲喂方式是指不同的投料方式或饲喂设备，可分为手工喂料和机械喂料，或分为定时限量饲喂和自由采食。饲料料型关系到饲喂方式和饲喂设备的设计，稀料、湿拌料宜采用普通饲槽进行定时限量饲喂，而干粉料、颗粒料则采用自动料箱进行自由采食。

3. 饮水方式

饮水方式可分为定时饮水和自由饮水，所用设备有水槽和各式饮水器，饮水槽饮水（长流水、定时给水、贮水）不卫生、管理麻烦，目前多应用于牛、羊、马生产，在猪和鸡生产中已被淘汰。

4. 清粪方式

清粪方式可以分为人工清粪、机械清粪、水冲清粪，对于采用板条地面或高床式笼养的鸡舍，可在一个饲养周期结束时一次性清粪。

（五）卫生防疫制度

为了有效防止疫病的发生和传播，养殖场必须严格执行《中华人民共和国动物防疫法》，工艺设计应据此制定出严格的卫生防疫制度。养殖场设计还必须从场址选择、场地规划、建筑物布局、绿化、生产工艺、环境管理、粪污处理利用等方面全面加强卫生防疫，并在工艺设计中逐项加以说明。经常性的卫生防疫工作，要求具备相应的设施、设备和相应的管理制度，在工艺设计中必须对此提出明确要求。例如，养殖场应杜绝外面车辆进入生产区，因此，饲料库应设在生产区和管理区的交界处，场外车辆由靠管理区一侧的卸料口卸料，各畜舍用场内车辆在靠生产区一侧的领料口领料。对于产品的外运，应靠围墙处设装车台，车辆停在围墙外装车。场大门须设车辆消毒池，供外面车辆入场时消毒。各栋畜舍入口处也应设消毒池，供人员、手推车出入消毒。人员出入生产区还应经过消毒更衣室，有条件的单位最好进行淋浴。此外，工艺设计应明确规定设备、用具要分栋专用，场区、畜舍及舍内设备要有定期消毒制度。对病畜隔离、尸体剖检和处理等也应做出严格规定，并对有关的消毒设备提出要求。

（六）养殖场环境参数和建设标准

养殖场工艺设计应提供有关的各种参数和标准，作为工程设计的依据和投产后生产管理的参考。其中包括各种畜群要求的温度、湿度、光照、通风、有害气体允许浓度等环境参数；畜群大小及饲养密度、占栏面积、采食料槽及饮水槽宽度、通道宽度、非定型设备尺寸、饲料日消耗量、日耗水量、粪便及污水排放量、垫草用量等参数；以及冬季和夏季对畜舍墙壁和屋顶内表面温度要求等设计参数。

（七）各种畜舍的样式、构造的选择和设备选型

确定畜舍的样式应根据不同畜禽的要求，并考虑当地气候特点、常用材料和建筑习惯，讲究实用效果。畜舍主要尺寸应根据畜群组成和周转计划，以及劳动定额，确定畜舍种类和畜舍数量，再根据饲养方式和场地地形，确定每栋畜舍的跨度和长度。畜舍主要尺寸和全场布局须同时考虑，并反复调整，方能确定畜舍尺寸和全场布局方案。

畜舍设备包括饲养设备（栏圈、笼具、网床、地板等）、饲喂设备、饮水设备、清粪设备、通风设备、供暖和降温设备、照明设备等。

设备选型必须根据工艺设计确定的饲养管理方式（饲养、饲喂、饮水、清粪等）、畜禽对环境要求、舍内环境调控方式（通风、降温、供暖、照明灯方式）、设备厂家提供的有关技术参数和价格等进行选择，必要时应对设备进行实际考察。各种设备选型配套确定后，还应分别计算出全场的设备投资及电力和燃料等的消耗量。

（八）附属建筑及设施

养殖场附属建筑一般可占总建筑面积的10%~30%，其中包括行政办公用房、生活用房、技术业务用房、生产附属房间等。附属设施包括地秤、产品装车台、贮粪场、污水池、饮水净化消毒设施、消防设施、尸体处理设施及各种消毒设施等。在工艺设计中，应对附属建筑和设施提出具体要求。

三、大中型养殖场建设和施工

（一）养殖场场区规划和建筑物布局

在养殖场场址选好之后，应在选定的场地上进行合理的分区规划和建筑物布局，即进行养殖场的总平面图设计，这是建立良好的养殖场环境和组合高效率畜牧生产的先决条件。

1. 养殖场的分区规划

具有一定规模的养殖场，通常将养殖场分为三个功能区，即管理区、生产区和病畜隔离区。在进行场地规划时，应充分考虑未来的发展，在规划时留有余地，对生产区的规划更应注意。各区的位置要从人畜卫生防疫和工作方便的角度考虑，根据场地地势和当地全年主风向安排各区。养殖场每个功能区建筑物和设施功能直接联系。这样配置，可减少或防止养殖场生产的不良气味、噪声及粪便污水因风向和地面径流对居民生活环境和管理区工作环境造成污染，并减少疫病蔓延的机会。

2. 运动场的设置

家畜每日定时到舍外运动，可促进机体的各种生理机能，增强体质，提高抗病力。运动对种用家畜尤为重要。舍外运动能改善种公畜的精液品质，提高母畜的受胎率，促进胎儿的正常发育，减少难产。因此，给家畜设置运动场是完全必要的。运动场应设在向阳背风的地方，一般是利用畜舍间距，也可在畜舍两侧分别设置。如受地形限制，也可设在场内比较开阔的地方，但不宜距畜舍太远。运动场要平坦，稍有坡度（1°~ 3°），以利于排水和保持干燥。其四周应设置围栏或墙，其高度为：牛 1.6 米，羊 1.4 米，猪 1.1 米。各种公畜运动场的围栏高度可再增加 0.2~0.3 米。运动场的面积一般按每头家畜所占舍内平均面积的 3~5 倍计算。为了防止夏季烈日暴晒，应在运动场内设置遮阴篷或种植遮阴树木。运动场围栏外侧应设排水沟。

3. 场内道路的规划及供水管线的配置

（1）场内道路的规划

场内道路应尽可能短而直，以缩短运输线路；主干道路与场外运输线连接，其宽度应能保证顺利错车，约为 5.5~6.5 米。支道路与畜舍、饲料库、产品库、贮粪场等连接，宽度一般为 2~3.5 米；生产区的道路应区分为运送产品、饲料的净道和转群、运送粪污、病畜、死畜的污道。从卫生防疫角度考虑，要求净道和污道不能混用或交叉；路面要坚实，并做成中间高两边低的弧度，以利排水；道路两侧应设排水明沟，并应植树。

（2）供水管线的配置

集中式供水方式是利用供水管将清洁的水由统一的水源运往各个畜舍，在进行场区规划时，必须同时考虑供水管线的合理配置。供水管线力求路线短而直，尽量沿道路铺设在地下通向各舍。布置管线应避开露天堆场和拟建路段。其埋置深度与地区气候有关。

4. 建筑物布局

（1）建筑物的排列

养殖场建筑物通常设计东西成排、南北成列，尽量做到整齐、紧凑、美观。生产区内畜舍的布置，应根据场地形状、畜舍的数量和长度，酌情布置为单列、双列或多列。要尽量避免横向狭长或纵向狭长的布局，因为狭长形布局势必加大饲料、粪污运输距离，使管理和生产联系不便，也使各种管线距离加大，建场投资增加，而方形或近似方形的布局可避免这些缺点。因此，如场地条件允许，生产区应采取方形或近似方形布局。

（2）建筑物位置

确定每栋建筑物和每种设施的位置时，主要根据它们之间的功能联系和卫生防疫要求加以考虑。在安排其位置时，应将相互有关、联系密切的建筑物和设施就近设置。

（3）建筑物朝向

畜舍建筑物的朝向关系到舍内的采光和通风状况。畜舍宜采取南向，这样的朝向，冬季可增加射入舍内的直射阳光，有利于提高舍温；而夏季可减少舍内的直射阳光，以防止强烈的太阳辐射影响家畜。同时，这样的朝向也有利于减少冬季冷风渗入和增加夏季舍内通风量。

（二）养殖场防疫和绿化设计

1. 养殖场的防疫措施

（1）场区四周应建较高的围墙或坚固的防疫沟

场区四周应建较高的围墙或坚固的防疫沟，以防止场外人员及其他动物进入场区。为了更有效地切断外界污染因素，必要时可往沟内放水。场界的这种防护设施必须严密，使外来人员、车辆只能从养殖场大门进入场区。

（2）生产区与管理区之间应用较小的围墙隔离

生产区与管理区之间应用较小的围墙隔离防止外来人员、车辆随意进入生产区。生产区与病畜隔离区之间也应设隔离屏障，如围墙、防疫沟、栅栏或者隔离林带。

（3）在养殖场大门、生产区入口处和各畜舍入口处，应设相应的消毒设施

在养殖场大门、生产区入口处和各畜舍入口处，应设相应的消毒设施，如车辆消毒池、脚踏消毒池、喷雾消毒室、更衣换鞋室、淋浴间等，对进入场区的车辆、人员进行严格的消毒。

2. 养殖场的环境绿化

（1）在场界的四周应种植乔木和灌木混合林带，尤其在场界的北、西侧，应加宽这种混合林带，以起到防风阻沙的作用。

（2）场区隔离林带的设置

主要用以隔离场内各区及防火。结合绿化，应在各个功能区四周都种植这种隔离林带。

（3）场内道路两旁的绿化

道旁绿化一般种 1~2 行，常用树冠整齐的乔木或者亚乔木。

（4）运动场的遮阴林

在家畜运动场的南、西侧，应种植 1~2 行遮阴林。一般选择树干高大，枝叶开阔、生长势强、冬季落叶后枝条稀少的树种。

四、大中型养殖场经营管理

（一）环境消毒

1. 养殖场环境消毒方法

（1）畜舍带畜消毒

在日常管理中，对畜舍应经常进行定期消毒。消毒的步骤通常为清除污物、清扫地面、彻底清洗器具和用品、喷洒消毒液，有时在此基础上还需以喷雾、熏蒸等方法加强消毒效果。可选用 2%~4% 的氢氧化钠、0.3%~1% 的菌毒敌、0.2%~0.5% 的过氧乙酸或 0.2% 的次氯酸钠、0.3% 的漂白粉溶液进行喷雾消毒。这种定期消毒一般要带畜进行。每隔两周或 20 天左右进行一次。

（2）畜舍空舍消毒

畜禽出栏后，应对畜舍进行彻底清扫，将可移动的设备、器具等搬出畜舍，在指定地点清洗、暴晒并用消毒液消毒。用水或用 4% 的碳酸钠溶液或清洁剂等刷洗墙壁、地面、笼具等，干燥后再进行喷洒消毒并闲置两周以上。在新一批畜禽进入畜舍前，可将所有洗净、消毒后的器具、设备及欲使用的垫草等移入舍内，以福尔马林（40% 甲醛溶液）熏蒸消毒，方法是取一个容积大于福尔马林用量数倍至十倍且耐高温的容器，先将高锰酸钾置于容器中（为了加强催化效果，可加等量的水使之溶解），然后倒入福尔马林，人员迅速撤离并关闭畜舍门窗。福尔马林的用量一般为 25~40 毫升，与高锰酸钾的比例以 5：3~2：1 为宜。该消毒法消毒时间一般为 12~24 小时，然后开窗通风 3~4 天。如需要尽快消除甲醛的刺激气味，可用氨水加热蒸发使之生成无刺激性的六甲烯胺。此外，还可以用 20% 的乳酸溶液加热蒸发对畜舍进行熏蒸消毒。

（3）饲养设备及用具的消毒

应将可移动的设施、器具定期移出畜舍，清洁冲洗，置于太阳下暴晒。将食槽、饮水器等移出舍外暴晒，再用 1%~2% 的漂白粉、0.1% 的高锰酸钾及洗必泰等消毒剂浸泡或刷洗。

（4）家畜粪便及垫草的消毒

在一般情况下，家畜粪便和垫草最好采用生物消毒法消毒。采用这种方法可以杀灭大多数病原体如口蹄疫、猪瘟、猪丹毒及各种寄生虫卵。但是对患炭疽、气肿疽等传染病的病畜粪便，应采取焚烧或经有效的消毒剂处理后深埋。

（5）畜舍地面、墙壁的消毒

对地面、墙围、舍内固定设备等，可采用喷洒法消毒。如对圈舍空间进行消毒，则可用喷雾法。喷洒要全面，药液要喷到物体的各个部位。喷洒地面时，每平方米喷洒药液 2L，喷墙壁、顶棚时，每平方米喷洒药液 1L。

（6）养殖场及生产区等出入口的消毒

在养殖场入口处供车辆通行的道路上应设置消毒池，池的长度一般要求大于车轮周长 1.5 倍。在供人员通行的通道上设置消毒槽，池（槽）内用草垫等物体作消毒垫。消毒垫以 20% 新鲜石灰乳、2%~4% 的氢氧化钠或 3%~5% 的来苏儿浸泡，对车辆、人员的足底进行消毒，值得注意的是应定期（如每 7 天）更换 1 次消毒液。

（7）工作服消毒

洗净后可用高压消毒或紫外线照射消毒。

（8）运动场消毒

清除地面污物，用 10%~20% 漂白粉液喷洒，或用火焰消毒，运动场围栏可用 2%~5% 的石灰乳涂刷。

（二）灭鼠灭虫

1. 防治鼠害

（1）器械灭鼠

人们在长期与鼠害斗争的过程中，发明了许多灭鼠器械如鼠夹、鼠笼、粘鼠板等，目前还有较为先进的电子捕鼠器。器械捕鼠的共同优点是无毒害、对人畜安全，结构简单，使用方便，费用低而捕鼠效率高。器械灭鼠是养殖场常用的捕鼠方法，灭鼠器械种类繁多，主要有夹、关、压、卡、翻、扣、掩、粘、电等。

（2）化学药物灭鼠

化学药物灭鼠是使用化学灭鼠剂毒杀鼠类。化学灭鼠效率高、使用方便、成本低、见效快，缺点是能引起人、畜中毒，既有初次毒性，又有二次毒性；有些鼠对药剂有选择性、拒食性和耐药性。

灭鼠剂主要包括：

①速效灭鼠剂如磷化锌、毒鼠磷、氟乙酸钠、甘氟、灭鼠宁等。此类药物毒性强、作用快，食用一次即可毒杀鼠类。但鼠类易产生拒食性，对人畜不安全。药物甚至老鼠尸体被家畜误食后，会造成家畜中毒死亡。

②抗凝血类灭鼠剂如鼠敌钠盐、杀鼠灵等，此类药物为慢性或多剂量灭鼠剂，一般需要多次进食毒饵后蓄积中毒致死，对人畜安全。

③其他灭鼠剂。使用不育剂，使雌鼠或雄鼠不育。

（3）中草药灭鼠

采用中草药灭鼠，可就地取材，成本低，使用方便，不污染环境，对人畜较安全。但含有效成分低，杂质多，适口性较差。

①山管兰。取其鲜根 1 千克，加大米浸泡一夜，晾干，每盘约 2 克，投放于室内。

②天南星。取其球茎及果晒干，研磨成细末，掺入 4 倍面粉，制成丸投放。再加少许糖和食油，效果更好。

③狼毒。取其根磨成粉，另取去皮胡萝卜，切成小块，每 30 块拌狼毒粉 2~3 克，再加适量食油后投放。

2. 防治虫害

养殖场粪便和污水等废弃物极适于蚊、蝇等有害昆虫的滋生，如不妥善处理则可成为其繁殖滋生的良好场所。如蚊子中按蚊、库蚊的虫卵需要在水中孵化，伊蚊的幼虫和蛹必须在水中发育成长。蝇的幼虫及蛹则适宜于温暖、潮湿且富有有机物的粪堆中发育。家畜和饲料也易于招引蚊、蝇及其他害虫。这些昆虫叮咬骚扰家畜、污染饲料及环境，携带病原传播疾病。防治养殖场害虫，可采取以下措施：

（1）环境灭虫

搞好养殖场环境卫生，保持环境清洁和干燥是环境防除害虫的重要措施。蚊虫需要在水中产卵、孵化和发育，蝇蛆也需要在潮湿的环境及粪便废弃物中生长。因此，进行环境改造，清除滋生场所是简单易行的方法，抓好这一环节，辅以其他方法，能取得良好的防除效果。填平无用的污水池、土坑、水沟和洼地是永久性消灭蚊蝇滋生的好办法。保持排水系统畅通，对阴沟、沟渠等定期疏通，勿使污水存积。对贮水池等容器加盖，以防蚊蝇飞入产卵。对不能清除或加盖的贮水器，在蚊蝇滋生季节，应定期换水。永久性水体（如鱼塘、池塘等），蚊虫多滋生在水浅而有植被的边缘区域，修整边岸，加大坡度和填充浅岸，能有效地防止蚊虫滋生。经常清扫环境，不留卫生死角，及时清除家畜粪便、污水，避免在场内及周围积水，保持养殖场环境干燥、清洁。排污管道应采用暗沟，粪水池应尽可能加盖。采用腐熟堆肥和生产沼气等方法对粪便污水进行无害化处理，铲除蚊蝇滋生的环境条件。

（2）药物灭虫

化学防除虫害是指使用天然或合成的毒物，以不同的剂型，通过各种途径，毒杀或驱逐蚊蝇等害虫的过程。化学杀虫剂在使用上虽存在抗药性、污染环境等问题，但它们具有使用方便、见效快并可大量生产等优点，因而仍是当前防除蚊蝇的重要手段。定期用杀虫剂杀灭畜舍、畜体及周围环境的害虫，可以有效抑制害虫繁衍滋生。应优先选用低毒高效的杀虫剂，避免或尽量减少杀虫剂对家畜健康和生态环境的不良影响。

（3）生物防除

利用有害昆虫的天敌杀虫。例如可以结合养殖场污水处理，利用池塘养鱼，鱼类能吞食水中的幼虫，具有防治蚊子滋生的作用。另外，蛙类、蝙蝠、蜻蜓等均为蚊、蝇等有害昆虫的天敌。

（4）物理防除

可使用电灭蝇灯杀灭苍蝇、蚊子等有害昆虫。这种灭蝇灯是利用昆虫的趋光性，发出荧光引诱苍蝇等昆虫落在灯管周围的高压电网，用电击杀灭蚊蝇。

（三）尸体处理

家畜尸体主要是指非正常死亡的家畜尸体，即因病死亡或死亡原因不明的家畜的尸体。家畜尸体很可能携带病原，是疾病的传染源。为防止病原传播危害畜群安全，必须对养殖场家畜尸体进行无害化处理。

1. 处理尸体常用的方法

（1）土埋法

土埋法是将畜禽尸体直接埋入土壤中，在厌氧条件下微生物分解畜禽尸体，杀灭大部分病原。土埋法适用于处理非传染病死亡的畜禽尸体。采用土埋法处理动物尸体，应注意兽坟应远离畜舍、放牧地、居民点和水源；兽坟应地势高燥，防止水淹；畜禽尸体掩埋深度应不小于 2 米；在兽坟周围应洒上消毒药剂；在兽坟四周应设保护措施，防止野兽进入翻刨尸体。

（2）焚烧法

焚烧法是将动物尸体投入焚尸炉焚毁。用焚烧法处理尸体消毒最为彻底，但需要专门的设备，消耗能源。焚烧法一般适用于处理具有传染性疾病的动物尸体。

（3）生物热坑法

生物热坑应选择在地势高燥、远离居民区、水源、畜舍、工矿区的区域，生物热坑坑底和四周墙壁应有良好的防水性能。坑底和四周墙壁常以砖或用涂油木料制成，应设防水层。一般坑深 7~10 米，宽 3 米。坑上设两层密封锁盖。凡是一般性死亡的畜禽，随时抛入坑内，当尸体堆积至距坑口 1.5 米左右时，密闭坑口。坑内尸体在微生物的作用下分解，分解时温度可达 65℃以上，通常密闭坑口后 4~5 个月，可全部分解尸体。用这种方法处理尸体不但可杀灭一般性病原微生物，而且不会对地下水及土壤产生污染，适合对养殖场一般性尸体进行处理。

（4）蒸煮法

蒸煮法是将动物尸体用锅或锅炉产生的蒸汽进行蒸煮，以杀灭病原。蒸煮法适用于处理非传染性疾病且具有一定利用价值的动物尸体。

2. 常见动物尸体的处理

（1）患传染病动物的尸体

当发生某种传染病时，病畜死亡或被扑杀后，应严格按照国家有关法律法规及技术规程对尸体进行无害化处理，以防止传染病的蔓延。如对因患口蹄疫、猪传染性水疱病、鸡瘟、鼻疽等传染病死亡的畜禽尸体应进行彻底消毒，然后深埋或焚烧。对患炭疽病的动物，为防止炭疽杆菌扩散，应避免剖解尸体，将尸体彻底焚毁。

（2）患非传染病动物的尸体

对于非传染病死亡的动物尸体、有利用价值的尸体，可采取蒸煮法处理；无利用价值的尸体，可选用生物热坑、土埋法和焚烧法处理。

（四）预防疾病的卫生管理措施

1. 建立完善的防疫机构和制度

按照卫生防疫的要求，根据养殖场实际，制订完善的养殖场卫生防疫制度，建立健全包括家畜日常管理、环境清洁消毒、废弃物及病畜和死畜处理以及计划免疫等在内的各项规章制度。建立专职环境卫生监督管理与疾病防治队伍，确保严格执行养殖场各项卫生管理制度。

2. 做好各项卫生管理工作

（1）确保畜禽生产环境卫生状况良好

（2）防止人员和车辆流动传播疾病

（3）严防饲料霉变或掺入有毒有害物质

（4）做好畜禽防寒防暑工作。

3. 加强卫生防疫工作

（1）做好计划免疫工作

免疫是预防家畜传染病最为有效的途径。各养殖场应根据本地区畜禽疾病的发生情况、疫苗的供应条件、气候条件及其他有关因素和畜群抗体检测结果，制定本场畜群免疫接种程序，并按计划及时接种疫苗进行免疫，以减少传染病的发生。

（2）严格消毒

按照卫生管理制度，严格执行各种消毒措施。为了便于防疫和切断疾病传播途径，养殖场应尽量采用“全进全出”的生产工艺。

（3）隔离

对养殖场内出现的病畜，尤其是确诊为患传染性疾病或不能排除患传染性疾病可能的病畜应及时隔离，进行治疗或按兽医卫生要求及时妥善处理。由场外引入的畜禽，应首先隔离饲养，隔离期一般为 2~3 周，经检疫确定健康无病后方可进入畜舍。

（4）检疫

对于引进的畜禽，必须进行严格的检疫，只有确定无疾病和不携带病原后，才能进入养殖场；对于要出售的动物及动物性产品，也须进行严格检疫，杜绝疫病扩散。

第四节　养殖设备

设施养殖的机械化水平是制约设施养殖向大型化、集约化、自动化、高效化发展的重要因素。近年来，随着养羊、牛、猪机械与设备等的广泛应用，减轻了劳动强度，提高了劳动生产率，为实现传统养殖业向现代化养殖业转变发挥了巨大的作用。

一、养羊机械与设备

（一）运动场及其围栏

运动场应选择在背风向阳的地方，一般是利用羊舍的间距，也可以在羊舍两侧分别设置，但以羊舍南面设运动场为好，四周应设置围栏式围墙，高度 1.4~1.6 米。运动场要平坦，稍有坡度，便于排水。

（二）饲槽与草架

饲槽的种类很多，以水泥制成的饲槽最多。水泥饲槽一般做成通槽，上宽下窄，槽的后沿适当高于前沿。槽底为圆形，以便于清扫和洗刷。补草架可用木材、钢筋等制成。为防止羊的前蹄攀登草架，制作草架的竖杆应高 1.5 米以上，竖杆与竖杆间的距离一般为 0.12~0.18 米。常见的补草架有简易补草架和木制活动补草架。

（三）水槽和饮水器

为使羊只随时喝到清洁的饮水，羊舍或运动场内要设有水槽。水槽可用砖和水泥制成，也可以采用金属和塑料容器充当。

（四）颈夹

在给奶山羊挤奶时需将羊只固定，常采用颈夹来固定羊只，以避免羊只随意跳动，影响其他羊只采食，颈夹一般设置在食槽上。

（五）挤奶机

挤奶机械设备基本与牛的挤奶机械设备相同，国内外应用机械挤奶的羊场也都是利用牛挤奶机械设备，经适当的改造和更新零件而应用的。机器挤奶是利用真空抽吸作用将羊奶吸出，挤奶机的工作部件是两个奶杯，奶杯由

两个圆筒构成，外部为金属或透明塑料圆筒，内为橡胶筒。

（六）剪羊毛机

用机器剪毛，操作比手工剪毛更简单，易于掌握，即使是不熟练的剪毛手来剪羊毛也不容易伤害羊只，并能完成剪毛任务。剪羊毛机一般为内藏电机式剪毛机。内藏电机式剪毛机由机体、剪割装置、传动机构、加压机构和电动机等五部分组成。

（七）抓绒的工具

抓绒一般要准备两把钢梳，一把是密梳，它由直径 0.3 厘米钢丝 12~14 根组成，梳齿间距为 0.5~1.0 厘米；另一把是稀梳，是由 7~8 根钢丝组成，梳齿间距为 2~2.5 厘米。梳齿的顶端要磨成钝圆形，以免抓伤羊皮肤。

二、养牛机械与设备

牛的舍养是将牛常年放在工厂化牛舍内饲养，多适用于奶牛，它的机械化要求较高，所使用的设备包括供料、饮水、喂饲、清粪及挤奶装置等。

（一）牛床及栓系设备

1. 牛床

目前广泛使用的牛床是金属结构的隔栏牛床。牛床的大小与牛的品种、体形有关，为了使牛能够舒适地卧息，要有合适的空间，但又不能过大，过大时，牛活动时容易使粪便落到牛床上。

2. 栓系设备

栓系设备用来限制牛在床内的一定活动范围，使其前蹄不能踏入饲槽，后蹄不能踩入粪沟，不能横卧在牛床上，但栓系设备也不能妨碍牛的正常站立、躺卧、饮水和采食饲料。

3. 固定架

固定架是牛场不可缺少的设备，用于打针、灌药、编耳号及治疗时使用，通常用圆钢材料制成，架的主体高 0.6 米，前颈枷支柱高 2 米，主柱部分埋入地下约 0.4 米，架长 1.5 米，宽 0.6~0.7 米。

（二）喂饲设备

牛的喂饲设备按饲养方式不同可分为固定式喂饲设备和移动式喂饲车。

1. 固定式喂饲设备

固定式喂饲设备一般用于舍养，它包括贮料塔、输料设备、饲喂机和饲槽，这种设备的优点在于不需要宽的饲料通道，可减少牛舍的建筑费用。

2. 移动式喂饲车

国外广泛采用移动式喂饲车。它的饲料箱内装有两个大直径搅龙和一根带搅拌叶板的轴，共同组成箱内搅拌机构，由拖拉机动力输出轴驱动。

（三）饮水设备

养牛场牛舍内的饮水设备包括输送管路和自动饮水器。饮水系统的装配应满足昼夜时间内全部需水量。

（四）奶牛挤奶设备

挤奶是奶牛场中最繁重的劳动环节，采用机械挤奶可提高劳动效率2倍以上，劳动强度大大减轻，同时可得到清洁卫生的牛奶，但使用机器挤奶必须符合奶牛的生理要求，不能影响产奶量。

（五）牛舍清粪设备

1. 清粪车

清粪车有人力手推清粪车和机动清粪车两种。

2. 水冲清粪设备

大型养牛场一般采用水冲流送清粪。

三、养猪机械与设备

集约化养猪是一个复杂的、系统的生产过程。养猪生产包括配种、妊娠、分娩、育幼、生长和育肥等环节。养猪机械设备就是在养猪的整个生产过程中，根据猪的不同种类、不同饲养方式及不同的生产环节而提供的相应机械设备，主要包括猪舍猪栏、饲喂设备、饮水设备、饲料加工设备、猪粪清除和处理设备以及消毒防疫设备、猪舍的环境控制设备等。选择与猪场饲养规模和工艺相适应的先进的经济的机械与设备是提高生产水平和经济效益的重要措施。

（一）猪栏

1. 公猪栏、空怀母猪栏、配种栏

这几种猪栏一般都位于同一栋舍内，因此，面积一般都相等，栏高一般为1.2~1.4米，面积7~9平方米。

2. 妊娠栏

妊娠猪栏有两种：一种是单体栏；另一种是小群栏。单体栏由金属材料焊接而成，一般栏长2米，栏宽0.65米，栏高1米。小群栏的结构可以是混凝土实体结构、栏栅式或综合式结构，不同的是妊娠栏栏高一般1~1.2米，由于采用限制饲喂，因此，不设食槽而采用地面食喂。面积根据每栏饲养头数而定，一般为7~15平方米。

3. 分娩栏

分娩栏的尺寸与选用的母猪品种有关，长度一般为2~2.2米，宽度为1.7~2.0米；母猪限位栏的宽度一般为0.6~0.65米，高1.0米。仔猪活动围栏

每侧的宽度一般为 0.6~0.7 米，高 0.5 米左右，栏栅间距 5 厘米。

4. 仔猪培育栏

一般采用金属编织网漏粪地板或金属编织镀塑漏粪地板，后者的饲养效果一般好于前者。大、中型猪场多采用高床网上培育栏，它是由金属编织网漏粪地板、围栏和自动食槽组成，漏粪地板通过支架设在粪沟上或水泥地面上，相邻两栏共用一个自动食槽，每栏设一个自动饮水器。这种保育栏能保持床面干燥清洁，减少仔猪的发病率，是一种较理想的保育猪栏。仔猪保育栏的栏高一般为 0.6 米，栏栅间距 5~8 厘米，面积因饲养头数不同而不同。小型猪场断奶仔猪也可采用地面饲养的方式，但寒冷季节应在仔猪卧息处铺干净软草或将卧息处设火炕。

5. 育成、育肥栏

育成育肥栏有多种形式，其地板多为混凝土地面或水泥漏缝地板条，也有采用 1/3 漏缝地板条，2/3 混凝土地面。混凝土地面一般有 3° 的坡度。育成育肥栏高一般为 1~1.2 米，采用栏栅式结构时，栏栅间距 8~10 厘米。

（二）饲喂设备

1. 间际添料饲槽

条件较差的猪场一般采用间际添料饲槽。间际添料饲槽分为固定饲槽、移动饲槽，一般为水泥浇注固定饲槽。饲槽一般为长形，每头猪所占饲槽的长度应根据猪的种类、年龄而定。较为规范的养猪场都不采用移动饲槽。集约化、工厂化猪场，限位饲养的妊娠母猪或泌乳母猪，其固定饲槽为金属制品，固定在限位栏上。

2. 方形自动落料饲槽

一般条件的猪场不用这种饲槽，它常见于集约化、工厂化的猪场。方形落料饲槽有单开式和双开式两种。单开式的一面固定在与走廊的隔栏或隔墙上；双开式则安放在两栏的隔栏或隔墙上，自动落料饲槽一般为镀锌铁皮制成，并以钢筋加固，否则极易损坏。

3. 圆形自动落料饲槽

圆形自动落料饲槽用不锈钢制成，较为坚固耐用，底盘也可用铸铁或水泥浇注，适用于高密度、大群体生长育肥猪舍。

（三）饮水设备

猪喜欢喝清洁的水，特别是流动的水，因此采用自动饮水器是比较理想的。猪用自动饮水器的种类很多，有鸭嘴式、杯式、乳头式等。

1. 鸭嘴式饮水器

鸭嘴式饮水器是目前国内外机械化和工厂化猪场中使用最多的一种饮水

器，它主要由阀体、阀芯、密封圈、回位弹簧、塞和滤网组成。鸭嘴式饮水器的优点是：饮水器密封性好，不漏水，工作可靠，重量轻；猪饮水时鸭嘴体被含入口内，水能充分饮入，不浪费；水流出时压力下降，流速较低，符合猪饮水要求；卫生干净，可避免疫病传染。

2. 杯式饮水器

杯式饮水器常用的形式有弹簧阀门式和重力密封式两种。这种饮水器的主要优点是工作可靠、耐用，出水稳定，水量足，饮水不会溅洒，容易保持舍栏干燥。缺点是结构复杂，造价高，需定期清洗。

3. 乳头式饮水器

乳头式饮水器由钢球壳体、阀杆组成。这种饮水器的优点是结构简单，对泥沙和杂质有较强的过滤能力，缺点是密封性差，并要减压。水压过高，水流过急，猪饮水不适，水耗增加，易弄湿猪栏。

（四）猪舍清粪设备

1. 清粪车

清粪车有人力手推清粪车和机动清粪车两种。

2. 水冲清粪设备

养猪场漏缝地板猪舍采用水冲清粪的主要形式有水冲流送清粪，沉淀阀门式水冲清粪和自流式水冲清粪等。

3. 漏缝地板

漏缝地板有各种各样，使用的材料有水泥、木材、金属、玻璃钢、塑料、陶瓷等。它能使猪栏自净，使猪舍比较清洁干燥，有助于控制疾病和寄生虫的发生，改善卫生条件，省去褥草和节省清扫劳动。漏缝地板要求耐腐蚀、不变形、坚固耐用，易于清洗和保持干燥。

第三章 分论养殖技术

第一节 羊的饲养管理技术

一、羊饲养的一般原则

（一）多种饲料合理搭配

应以饲养标准中各种营养物质的建议量作为配合日粮的依据，并按实际情况进行调整。尽可能采用多种饲料，包括青饲料（青草、青贮料）、粗饲料（干草、农作物秸秆）、精饲料（能量饲料、蛋白质饲料）、添加剂饲料（矿物质、微量元素、非蛋白氮）等，以发挥营养物质的互补作用。

（二）切实注意饲料品质，合理调制饲料

要考虑饲料的适口性和饲用价值，有些饲料（如棉、菜籽饼等）营养价值虽高，但适口性差或含有害物质，应限制其在日粮中的用量，并注意脱毒处理。青、粗及多汁饲料在羊的日粮中占有较大比例，其品质优劣对羊的生长发育影响较大，在日常饲养中必须引起足够重视，特别是秸秆类粗饲料，既要注意防霉变质，又要在饲喂前铡短或柔碎。

（三）更换饲料应逐步过渡

在反刍动物饲养中，由于日粮的变化处理不当而引起死亡的例子很多，尤其是羊，突然改变日粮成分则可能是致命的，至少会引起消化不良。这是因为反刍动物瘤胃微生物区系对特定日粮饲料类型是相对固定的，日粮中饲料成分变化，会引起瘤胃微生物区系的变化。当日粮饲料成分突然变化时，特别是从高比例粗饲料日粮突然转变为高比例精饲料日粮时，瘤胃微生物区系还未进行适应性改变，瘤胃中还不存在许多乳酸分解菌，最后由于产生过多的乳酸积累而引起酸中毒综合征。为了避免发生这种情况，日粮成分的改变应该逐渐进行，至少要过渡 2~3 周，过渡时间的长短取决于喂饲精饲料的数量、精饲料加工的程度以及喂饲的次数。

（四）制订合理的饲喂制度

为了给瘤胃微生物群落创造良好的环境条件，使其保持对纤维素分解的最佳状况，繁殖生长更多的微生物菌体蛋白，在羊的饲养中除要注意日粮蛋白、能量饲料的合理搭配及日粮饲料成分的相对稳定外，还要制订合理的饲喂方式、饲喂量及饲喂次数。反刍动物瘤胃分解纤维素的微生物菌群对瘤胃过量的酸很敏感，一般 pH 值为 6.4~7.0 时最适合。如果 pH 值低于 6.2，纤维发酵菌的生长速率将降低；若 pH 值低于 6.0 时，其活动就会完全停止，所以在饲喂羊时，需要设法延长羊的采食时间和反刍时间，通过增加唾液（碱性的）分泌量来中和瘤胃中的酸，提高瘤胃液的 pH 值；合理的饲喂制度应该是定时定量，少吃多餐，形成良好的条件反射，以提高饲料的消化率和利用率。

（五）保证清洁的饮水

羊场供水方式有分散式给水（井水、河水、湖塘水、降水等）和集中式给水（自来水供水）。提供饮水的井要建在没有污染的非低洼地方，井周围 20~30 米范围内不得设置渗水厕所、渗水坑、粪坑、垃圾堆和废渣堆等污染源。在水井 3~5 米的范围，最好设防护栏，禁止在此地带洗衣服、倒污水和脏物，水井至少距畜舍 30~50 米。湖水、塘水周围应建立防护设施，禁止在其内洗衣或让其他动物进入饮水区。利用降水、河水时，应修建带有沉淀、过滤处理的贮水池，取水点附近 20 米以内，不要设厕所、粪坑和堆放垃圾。

二、羊管理的一般程序

（一）注意卫生，保持干燥

羊喜吃干净的饲料，饮清洁卫生的水。草料、饮水被污染或有异味，羊宁可受饿、受渴也不采食、饮用。因此，在舍内补饲时，应少喂勤添。给草过多，一经践踏或被粪便污染，羊就不吃。即使有草架，如投草过多，羊在采食时呼出的气体使草受潮，羊也不吃而造成浪费。羊群经常活动的场所，应选高燥、通风、向阳的地方。羊圈潮湿、闷热，牧地低洼潮湿，寄生虫容易滋生，易导致羊群发病，使毛质降低，脱毛加重，腐蹄病增多。

（二）保持安静，防止兽害

羊是胆量较小的家畜，易受惊吓，缺乏自卫能力，遇敌兽不抵抗，只是逃窜或团团不动。所以羊群放牧或在羊场舍饲，必须注意保持周围环境安静，以避免影响其采食等活动。放牧羊还要特别注意防止狼等兽害对羊群的侵袭。

（三）夏季防暑，冬季防寒

绵羊夏季怕热，山羊冬季怕冷。绵羊汗腺不发达，散热性能差，在炎

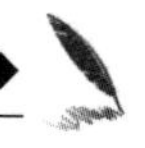

热天气相互间有借腹蔽荫行为（俗称“扎窝子”）。我国北方地区温度一般在 -10℃ ~30℃，故适于养羊，特别是适于养肉羊、细毛羊等。而在南方的高湿、高热地区，则适于饲养山羊。

一般认为羊对于热和寒冷都具有较好的耐受能力，这是因为羊毛具有绝热作用，既能阻止体热散发，又能阻止太阳辐射迅速传到皮肤，也能防御寒冷空气的侵袭。相比之下，绵羊较为怕热而不怕冷，山羊怕冷而不怕热。在炎热的夏季绵羊常有停止采食、喘气和“扎窝子”等现象，应注意遮光避热。秋后羊体肥壮，皮下脂肪增多，羊皮增厚，羊毛长而密，能减少体热散发和阻止寒冷空气的影响。但环境温度过低，低于 3℃ ~5℃以下，则应注意挡风保暖。

（四）合理分群，便于管理

由于绵羊和山羊的合群性、采食能力和行走速度及对牧草的选择能力有差异，因而放牧前应首先将绵羊与山羊分开。绵羊属于沉静型，反应迟钝，行动缓慢，不能攀登高山陡坡，采食时喜欢低着头，采食短小、稀疏的嫩草。山羊属活泼型，反应灵敏，行动灵活，喜欢登高采食，可在绵羊所不能利用的陡坡和山峦上放牧。

羊群的组织规模（一人一群的管理方式）一般是：

种公羊群：20~50 只

细毛或半细毛育种母羊群：180~200 只

杂种母羊群：220~250 只

粗毛母羊群：300~350 只

青年羊群：300~350 只

断奶羔羊群：250~300 只

若采用放牧小组管理法，由 2~3 名放牧员组成放牧小组，同放一群羊，这种羊群的组织规模一般是：

细毛或半细毛母羊群：350~400 只

杂种母羊群：400~500 只

粗毛母羊群：500~700 只

青年羊群：500~600 只

断奶羔羊群：400~450 只

羯羊群：700~800 只

（五）适当运动，增强体质

种羊和舍饲羊必须有适当的运动。种公羊必须每天驱赶运动 2 小时以上，舍饲羊要有足够的畜舍面积和运动场地，供羊自由进出、自由活动。山羊青年羊群的运动场内还可设置小山、小丘，供其踩跋，以增强体质。

三、不同生理阶段羊的饲养管理

（一）种公羊的饲养管理

1. 影响公羊配种能力的因素

（1）遗传因素。一般种公羊的品种不同，配种能力不同。山羊种公羊配种能力比绵羊强，地方品种公羊配种能力比人工培育品种强，毛用羊配种能力比肉用羊强。

（2）营养因素。营养条件对公羊配种能力影响很大。其中富含蛋白质的饲料有利于精液的生成，是种公羊不可缺少的饲料，能量饲料不宜过少或过多。过少时，公羊体况消瘦、乏力、影响性欲。过多时，公羊肥胖，行动不便，同样影响性欲。食盐和钙、磷等矿物质元素对于促进消化机能、维持食欲和精液品质有重要作用。一些必需脂肪酸（亚油酸、花生油酸、亚麻油酸和亚麻油烯酸）对于雄性激素的形成十分重要。胡萝卜素（维生素 A）不足容易引起睾丸上皮细胞角化，锰不足容易引起睾丸萎缩。

（3）气温因素。在夏季炎热时，有些品种有完全不育或配种能力降低的现象，表现为性欲不强、射精量减少、精子活率下降、数量减少、畸形精子或死精子的比例上升。家畜精子的生成需要较体温低的环境，阴囊温度较体温低。环境温度对公羊精子形成有直接影响。另外，气温对甲状腺活动的影响，间接抑制公羊的生殖机能。

（4）运动量。运动量与公羊的体质状况关系密切，若运动不足，公羊会很快发胖，使体质降低，行动迟缓，影响性欲。同时，使精子活力降低，严重时不射精。但运动量过大时，消耗能量过多，也不利于健康。

（5）年龄。公羊一般在 6~10 月龄时性成熟，开始配种以 12~18 月龄为宜。配种过早，会影响身体的正常生长发育，并降低以后的配种能力。公羊的配种能力通常在 5~6 岁时达到最高峰，7 岁以后配种能力逐渐下降。

2. 提高公羊配种能力的措施

（1）改善营养条件。种公羊应全年保持均衡的营养状况，不肥不瘦，精力充沛，性欲旺盛，即“种用体况”。种公羊的饲养可分为配种期和非配种期两个阶段。

①配种期：即配种开始前 45 天左右至配种结束这段时间。这个阶段的任务是从营养上把公羊准备好，以适应紧张繁重的配种任务。这时把公羊应安排在最好的草场上放牧，同时给公羊补饲富含粗蛋白质、维生素、矿物质的混合精饲料和干草。蛋白质对提高公羊性欲、增加精子密度和射精量有决定性作用；维生素缺乏时，可引起公羊的睾丸萎缩、精子受精能力降低、畸形精

子增加、射精量减少；钙、磷等矿物质是保证精子品质不可缺少的重要元素。据研究，一次射精需蛋白质25~37克。1只主配公羊每天采精5~6次，需消耗大量的营养物质和体力。所以，配种期间应喂给公羊充足的全价日粮。

种公羊的日粮应由种类多、品质好且为公羊所喜食的饲料组成。豆类、燕麦、青稞、黍、高粱、大麦、麸皮都是公羊喜吃的良好精饲料，干草以豆科青干草和燕麦青干草为佳。此外，胡萝卜、玉米青贮料等多汁饲料也是很好的维生素饲料，玉米籽实是良好的能量饲料，但喂量不宜过多，占精饲料量的25%~35%即可。

公羊的补饲定额，应根据公羊体重、膘情和采精次数来决定。目前，我国尚没有统一的种公羊饲养标准。一般在配种季节每只每天补饲混合精饲料1.0~1.5千克，青干草（冬配时）任意采食，骨粉10克，食盐15~20克，采精次数较多时可加喂鸡蛋2~3个（带皮揉碎，均匀拌在精料中），或脱脂乳1~2千克。种公羊的日粮不能过多，同时配种前准备阶段的日粮水平应逐渐提高，到配种开始时达到标准。

②非配种期：配种季节快结束时，就应逐渐减少精饲料的补饲量。转入非配种期以后，应以放牧为主，每天早、晚补饲混合精饲料0.4~0.6千克、多汁料1.0~1.5千克，夜间添给青干草1.0~1.5千克。早、晚饮水各1次。

（2）加强公羊的运动。公羊的运动是配种期种公羊管理的重要内容。运动量的多少直接关系到精液质量和种公羊的体质。一般每天应坚持驱赶运动2小时左右。公羊运动时，应快步驱赶和自由行走相交替，快步驱赶的速度以使羊体皮肤发热而不致喘气为宜。运动量以平均一小时5千米左右为宜。

（3）提前有计划地调教初配种公羊。如果公羊是初配羊，则在配种前一个月左右，要有计划地对其进行调教。一般调教方法是让初配公羊在采精室与发情母羊进行自然交配几次；如果公羊性欲低，可把发情母羊的阴道分泌物抹在公羊鼻尖上以刺激其性欲，同时每天用温水把阴囊洗干净、擦干，然后用手由上而下地轻轻按摩睾丸，早、晚各1次，每次10分钟，在其他公羊采精时，让初配公羊在旁边“观摩”。

有些公羊到性成熟年龄时，甚至到体成熟之后，性机能的活动仍表现不正常，除进行上述调教外，配以合理的喂养及运动，还可使用外源激素治疗，提高血液中睾酮的浓度。方法是每只羊皮下或肌肉注射丙酸睾酮100毫克，或皮下埋藏100~250毫克；每只羊一次皮下注射孕马血清500~1200 U，或注射孕马血10~15毫升，可用两点或多点注射的方法；每只羊注射绒毛膜促性腺激素100~500 U；还可以使用促黄体素（LH）治疗。

将公羊与发情母羊同群放牧，或同圈饲养，以直接刺激公羊的性机能活动。

（4）确定合理的操作程序，建立良好的条件反射。为使公羊在配种期养成良好的条件反射，必须制定严格的种公羊饲养管理程序，其日程一般为：

上午 6：00 舍外运动

7：00 饮水

8：00 喂精饲料 1/3，在草架上添加青干草，放牧员休息

9：00 按顺序采精

11：30 喂精饲料 1/3，鸡蛋，添青干草

12：30 放牧员吃午饭，休息

下午 1：30 放牧

3：00 回圈，添青干草

3：30 按顺序采精

5：30 喂精饲料 1/3

6：30 饮水，添青干草，放牧员吃晚饭

晚上 9：00 添夜草，查群，放牧员休息

（5）开展人工授精，提高优良种公羊的配种能力。自然交配时，公羊一次射精只能给 1 只母羊配种。采用人工授精，公羊一次射精，可给几只到几十只母羊配种，能有效提高公羊配种能力几倍到几十倍。

（6）加强品种选育，改善遗传品质。在公羊留种或选种时，要挑选具有较强的交配能力的种羊，或精液品质较好的种羊。

（二）种母羊的饲养管理

母羊的饲养管理情况对羔羊的发育、生长、成活影响很大。按照繁殖周期：母羊的怀孕期为 5 个月，哺乳期为 4 个月，空怀期为 3 个月。

1. 空怀期母羊的饲养管理

空怀期即恢复期，母羊要在这 3 个月当中从相当瘦弱的状态很快恢复到满原配种的体况是非常紧迫的。要保证胚胎充分发育及产后有充足的乳汁，空怀期的饲养管理是很重要的。只要母羊在配种前完全依靠放牧抓好膘，母羊都能整齐地发情受配。如有条件能在配种前给母羊补些精饲料，则有利于增加排卵数。

2. 怀孕期母羊的饲养管理

怀孕期母羊饲养管理的任务是保胎并使胎儿发育良好。受精卵在母羊子宫内着床后，最初 3 个月对营养物质需要量并不太大，一般不会感到营养缺乏，以后随着胎儿的不断发育，对营养的需要量逐渐增大。怀孕后期母羊所需营养物质比未孕期增加饲料单位 30%~40%，增加可消化蛋白质 40%~60%，此时期营养物质充足是获得体重大、毛密、健壮羔羊的基础。因此，要放牧

好、喂好，提早补饲。补饲标准根据母羊生产性能、膘情和草料储备多少而定，一般每只每天补喂混合精饲料 0.2~0.45 千克。

对怀孕母羊饲养不当时，很容易引起流产和早产。要严禁喂发霉、变质、冰冻或其他异常饲料，禁忌空腹饮冰渣水；在日常放牧管理中禁忌惊吓、急跑、跳沟等剧烈动作，特别是在出、入圈门或补饲时，要防止互相挤压。

母羊在怀孕后期不宜进行防疫注射。

3. 泌乳期母羊的饲养管理

母羊产后即开始哺乳羔羊。这一阶段的主要任务是要保证母羊有充足的奶水供给羔羊。母羊每生产 0.5 千克奶，需消耗 0.3 个饲料单位、33 克可消化蛋白质、1.2 克磷和 1.8 克钙。凡在怀孕期饲养管理适当的母羊，一般都不会影响泌乳。为了提高母羊的泌乳力，应给母羊补喂较多的青干草、多汁饲料和精饲料。哺乳母羊的圈舍必须经常打扫，以保持清洁干燥。对胎衣、毛团、石块、碎草等要及时扫除，以免羔羊舔食引起疾病。应经常检查母羊乳房，如发现有奶孔闭塞、乳房发炎、化脓或乳汁过多等情况，要及时采取相应措施予以处理。羔羊断奶时，母羊提前几天就减少多汁料、青贮料和精饲料的饲量，减少泌乳量以防乳房发炎。

（三）羔羊的饲养管理

羔羊的饲养管理，指断奶前的饲养管理。有的国家对羔羊采取早期断奶，然后用代乳品进行人工哺乳。目前，我国羔羊多采用 3~4 月龄断奶。

1. 羔羊的生理特点

初生时期的羔羊，最大的生理特点是前 3 个胃没有充分发育，最初起主要作用的是第 4 胃，前 3 个胃的作用很小。由于此时瘤胃微生物的区系尚未形成，没有消化粗纤维的能力，所以不能采食和利用草料。对淀粉的耐受力也很低。所吮母乳直接进入真胃，由真胃分泌的凝乳蛋白酶进行消化。随着日龄的增长和采食植物性饲料的增加，前 3 个胃的体积逐渐增大，在 20 日龄左右开始出现反刍活动。此后，真胃凝乳酶的分泌逐渐减少，其他消化酶逐渐增多，从而对草料的消化分解能力开始加强。

2. 造成羔羊死亡的原因

羔羊从出生到 40 天这段时间里，死亡率最高，分析死亡原因，主要是因为：

（1）初生羔羊体温调节机能不完善，抗寒冷能力差，若管理不善，羔羊容易被冻死。这是冬羔死亡的主要原因之一。

（2）新生羔羊由于血液中缺乏免疫抗体，抗病能力差，容易感染各种疾病，造成羔羊死亡。

（3）羔羊早期的消化器官尚未完全发育好，消化系统功能不健全，由于饲喂不当，容易引起各种消化疾病，营养物质吸收障碍，造成营养不良，消瘦而死亡。

（4）母羊在怀孕期营养状况不好，产后无乳、羔羊先天性发育不良、弱羔。

（5）初产母羊或护子性不强的母羊所产羔羊，在没有人工精心护理的情况下，也很容易造成死亡。

3. 提高羔羊成活率的技术措施

（1）正确选择受配母羊，加强妊娠母羊管理。

①正确选择受配母羊。

a. 体形与原情：体形与原情中等的母羊，繁殖率、受胎率高，羔羊初生重大、健康，成活率高。

b. 母羊年龄：最好选用繁殖力高的经产母羊。初次发情的母羊，各方面条件较好的，在适当推迟初配时间的前提下也可选用。

②加强妊娠母羊管理。

a. 妊娠母羊合理放牧：冬天，放牧要在山谷背风处或半山腰或向阳坡。要晚出早归，不吃箱草、冰茬草，不饮冷水。上下坡、出入圈门，都要缓步而行，避免母羊流产、死胎。妊娠后期最好舍饲喂养。

b. 妊娠母羊及时补饲：母羊原情不好，势必影响胎儿发育，致使羔羊体重小，体弱多病，对外界适应能力差，易死亡。母羊膘情不好，哺乳阶段缺奶，直接影响羔羊的成活。

（2）做好产羔准备和羔羊的护理工作。

①准备产羔室：产羔室要选在光线充足，空气流通的屋子。用 5% 来苏儿彻底消毒，地上铺好干草。若是寒冷季节，产羔室的温度应保证在 5℃以上。

②及时接、助产：依妊娠母羊配种记录，算好临产日期，还要注意观察临分娩的表现，尽量避免母羊难产、初生羔羊假死、饿死等非正常死亡。

a. 巧助产：肉用羊羔羊出生时一般胎儿都较大。母羊难产情况下遇到胎儿过大母羊无力产出时，用手握住羊羔两前肢，轻轻向下方拉出。遇有胎位不正时，要把母羊后躯垫高，将胎儿露出部分送回，手入产道，纠正胎位。羔羊产出后要用碘酒涂擦其脐带头，以防脐炎。

b. 救假死：羔羊生下来时会因天气或缺氧出现假死，要立即抢救。办法是：先将羔羊呼吸道内的黏液和胎水清除掉，擦净鼻孔。向鼻孔吹气，将羔羊放在前低后高的地方仰卧，手握其前肢，反复前后屈伸，用手轻拍胸部两侧，或向羔羊鼻孔喷烟，刺激羔羊喘气。对受凉冻僵的羔羊，应立即进行温水浴，洗浴时将羔羊头露出水面，水温由 30℃逐渐升至 40℃，水浴时间为 20~30 分钟。

c. 护好羔：分娩完毕，给羔羊擦干后，首先把母羊奶头擦洗干净，挤出初乳，协助羔羊吃到初乳。如遇母羊缺奶，要人工哺乳喂一些奶粉。有的初产母羊，不认自生羔羊。遇此情况可将羔羊身上的黏液抹在母羊鼻端、嘴内，诱使母羊舔羔。

（3）羔羊喂养：精心、合理饲喂羔羊，提高羔羊对外界环境的适应能力。初生羔羊在产羔室生活 7~10 天，过了初乳期，就要放到室外进行饲养管理。

①羔羊及时开草开料：出生后 10~40 天，应给羔羊补喂优质的饲草和饲料，一方面使羔羊获得更完全的营养物质；另一方面锻炼采食，促进瘤胃发育，提高采食消化能力。对弱羔可选用黑豆、麸皮、干草粉等混合料饲喂，日喂量由少到多。另外，在精饲料里拌些骨粉（每天 5~10 克），食盐（每天 1~2 克）。从第 30 天起，还可用切碎的胡萝卜混合饲喂。羔羊到 40~80 日龄时已学会吃草，但对粗硬秸秆尚不能适应，要控制其进食量，使其逐渐适应。

②羔羊不要过早跟群放牧：过早跟群放牧，会引起羔羊过度疲劳，早期体质衰弱，以致发病死亡。羔羊跟群放牧时间以 1.5~2 个月龄为宜，开始放牧不要走得太远，可以采取放牧半天，在家休息半天的方法。

（4）搞好疫病的防治，提高羔羊成活率。羔羊疫病应以预防为主，在母羊怀孕后期，即在母羊产羔前 30~40 天时，对母羊肌注“三联四防氢氧化铝菌苗”进行羔羊痢疾、猝狙、肠毒血症及快疫免疫。羔羊生后 12 小时内每羔均口服广谱抗菌药土霉素 0.127~0.25 克，以提高抗菌能力和预防消化系统疾病。羔羊生后 3~5 天再服 14 大蒜酊 1 小勺，10~15 天灌服 0.2% 高锰酸钾溶液 8~10 毫升进行胃肠消毒，30~45 天再按每千克体重灌服丙硫咪唑 15 毫克驱虫。羔羊棚舍以及周围环境，都要定期清扫消毒，勤换垫草保持羊舍干燥。

一旦羔羊发生了疾病，应抓紧治疗，尤其是羔羊体温调节机能不够完善，羔羊感冒和肺炎两种疾病对其威胁最大。治疗用抗生素或磺胺类药物效果很好。另外，羔羊痢疾和白肌病对羔羊危害也较大，羔羊发病、死亡率较高。羔羊痢疾：可用痢特灵及复方敌菌净治疗，也可用土霉素 0.2~0.3 克 / 只灌服，每天 3 次，效果较好。羔羊白肌病：对 10 日龄以内的羔羊用 0.1% 亚硒酸钠 2 毫升，口服维生素 E 胶囊 100 毫克，5 天后重复治疗 1 次；10 日龄以上者 0.1% 亚硒酸钠 4 毫克，口服维生素 E 胶囊 100 毫克 / 次，每隔 7 天皮下注射 1 次，共 2~3 次为宜。

（四）育成羊的饲养管理

育成羊是指断乳后到第 1 次配种的幼龄羊，即 5~18 月龄的羊。育成羊在第一个越冬期往往由于补饲条件差，轻者体重锐减，减到它们断奶时的体重，重者造成死亡。所以，此阶段要重视饲养管理，备好草料，加强补饲，避免

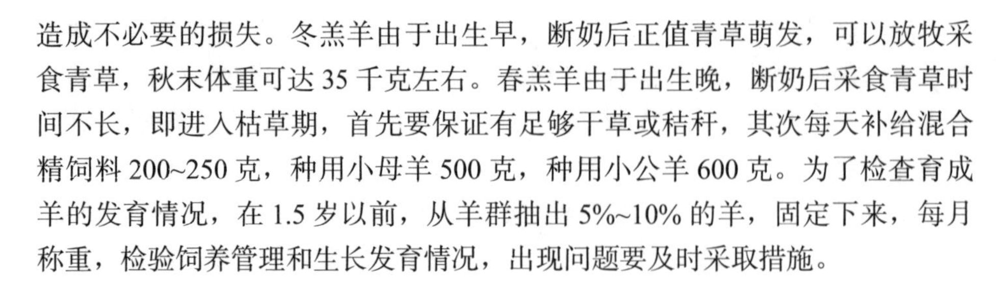

造成不必要的损失。冬羔羊由于出生早，断奶后正值青草萌发，可以放牧采食青草，秋末体重可达35千克左右。春羔羊由于出生晚，断奶后采食青草时间不长，即进入枯草期，首先要保证有足够干草或秸秆，其次每天补给混合精饲料200~250克，种用小母羊500克，种用小公羊600克。为了检查育成羊的发育情况，在1.5岁以前，从羊群抽出5%~10%的羊，固定下来，每月称重，检验饲养管理和生长发育情况，出现问题要及时采取措施。

四、商品肉羊的饲养管理

（一）商品肉羊及特点

1. 育肥羊的来源

（1）早期断奶的羔羊：一般指1.5月龄左右的羔羊，育肥50~60天，4月龄前出售，这是目前世界上羔羊肉生产的主流趋势。该育肥体质量好，价格高。

（2）断奶后的羔羊：3~4月龄羔羊断奶后肥育是当前肉羊生产的主要方式，因为断奶羔羊除小部分选留到后备羊群外，大部分要进行育肥出售处理。

（3）成年淘汰羊：主要指秋季选择淘汰老母羊和瘦弱羊为育肥的羊，这是目前我国牧区及半农半牧区羊肉生产的主要方式。

2. 育肥羊的生长发育

羔羊早期育肥是充分利用羔羊早期生长发育快，体组成部分（肌肉、骨骼）的增加大于非体部分，脂肪沉积少，瘤胃利用精料的能力强等有利因素，故此时育肥羔羊既能获得较高屠宰率，又能得到最大的饲料报酬。

断奶后羔羊育肥技巧：

（1）对体重小或体况差的进行较长时间的适度育肥，让其进行一定的补偿生长发育。

（2）对体重大或体况好的进行短期强度育肥，再发挥其生长潜力。成年羊育肥一般按照品种、活重和预期增重等指标确定肥育方式和日粮标准，在育肥成年羊的增重成分中，脂肪所占比例较大，饲料报酬不很好。

推荐的舍饲羔羊育肥（肥羔生产）精料配方：玉米55%，麸皮12%，豆粕30%，食盐1%，鱼粉2%。喂量：20~30日龄，每只每日50~70克；1~2月龄为100~150克；2~3月龄为200克；3~4月龄为250克。每日分2次饲喂。同时饲喂优质的豆科牧草，也可让羔羊随母羊自由采食粗饲料。

推荐的放牧+补饲育肥羔羊（肥羔生产）精料配方：玉米55%，麻饼20%，麸皮6%，稞麦10%，黑豆8%，骨粉1%。喂量：1~2月龄，每只每日为100~150克；2~3月龄为200克；3~4月龄为250克。进入育肥后期，精料补饲量还要增加，依据粗饲料条件，每日每只补饲250~600克不等。补饲在

早晚进行，定时定量。

3. 影响羊肥育的因素

（1）品种：品种因素是影响羊肥育的内在遗传因素。充分利用国外培育的专门化肉羊品种，是追求母羊性成熟早、全年发情、产羔率高、泌乳力强，以及羔羊生长发育快、成熟早、饲料报酬高、肉用性能好等理想目标的捷径。

（2）品种间的杂交：品种间的杂种优势大小直接影响羊的育肥效果，利用杂种优势生产羔羊肉在国外羊肉生产国普遍采用。他们把高繁殖率与优良肉用品质结合，采用 3 个或 4 个品种杂交，保持高度的杂种优势。据测定，2 个品种杂交的羔羊肉产量比纯种亲本提高约 12%，在杂交中每增加 1 个品种，产肉提高 8%~20%。

（3）肥育羊的年龄：年龄因素对育肥效果的影响很大。年龄越小，生长发育速度越快，育肥效果越好。羔羊在生后最初几个月内，生长快、饲料报酬高、周转快、成本低、收益大。同时，由于肥羔具有瘦肉多、脂肪少、肉品鲜嫩多汁、易消化、膻味少等优点，深受市场欢迎。

（4）日粮的营养水平：同一品种在不同的营养条件下，育肥增重效果差异很大。

（二）肉羊肥育技术

1. 育肥前的准备工作

（1）肥育羊群的组织：根据育肥羊的来源，一般应按品种（或类别）、性别、年龄、体重及育肥方法等分别组织好羊群。羊群的大小，因采用的育肥方法而定，如采用放牧肥育方法，羊群定额的大小，应根据草场类别如天然草场、改良草场或人工草场，草场大小，季节，草生状况，牧工管理水平等因素决定。

（2）去势：去势后的绵羊，性情温顺，便于管理，容易育肥，同时还可减少膻味，提高羊肉品质。凡供育肥的羔羊，一般在生后 2~3 周龄去势。但是，必须指出，国内外许多育肥羊的单位，对育肥公羔不予去势，其增重效果比去势的同龄公羔快，而且膻味与去势的羔羊无多大差别，故不少饲养单位对供育肥用的公羔不主张去势。

（3）驱虫：为了提高肉羊的增重效果，加速饲草料的有效转化，便于对育肥羊群的管理，在进入育肥期前，应对参加育肥的羊进行至少 1 次体内外寄生虫的驱虫工作。现在，驱虫药物很多，应当选用低毒、高效、经济的药物为主。驱虫时间、驱虫药物用量、排虫地点及有关注意事项，均应按事先制定的计划和在兽医师指导下进行。

（4）消毒：对育肥羊舍及其设备进行清洁消毒，在羊进入圈舍育肥前，用3%~5%的火碱水或10%~20%的石灰乳溶液或其他消毒药品，对圈舍及各种用具、设备进行彻底消毒。

（5）贮备充分的饲草饲料：确保整个育肥期不断草料。

2. 育肥方式

（1）放牧育肥：利用天然草场、人工草场或秋茬地放牧，是肉羊抓膘的一种育肥方式。

大羊包括淘汰的公、母种羊，2年未孕不宜繁殖的空怀母羊和有乳腺炎的母羊，因其活重的增加主要决定于脂肪组织，故适合在禾本科牧草较多的草场放牧。羔羊主要指断奶后的非后备公羔羊。因其增重主要靠蛋白质的增加，故适宜在以豆科牧草为主的草场放牧。成年羊放牧肥育时，日采食量可达7~8千克，平均日增重100~200克。育肥期羯羊群可在夏场结束；淘汰母羊群在秋场结束；中下等原情羊群和当年羔羊在放牧后，适当抓膘补饲达到上市标准后结束。

（2）舍饲育肥：按饲养标准配制日粮，是肥育期较短的一种育肥方式，舍饲肥育效果好，肥育期短，能提前上市，适于饲草料资源丰富的农区。

羔羊包括各个时期的羔羊，是舍饲育肥羊的主体。大羊主要来源于放牧育肥的羊群，一般是认定能尽快达到上市体重的羊。舍饲肥育的精饲料可以占到日粮的45%~60%，随着精饲料比例的增高，羊育肥强度加大，故要注意预防过食精饲料引起的肠毒血症和钙、磷比例失调引起的尿结石症等。料型以颗粒料的饲喂效果较好。圈舍要保持干燥、通风、安静和卫生。育肥期不宜过长，达到上市要求即可出售。

（3）混合育肥：放牧与舍饲相结合的育肥方式。它既能充分利用生长季节的牧草，又可取得一定的强化育肥效果。放牧羊是否转入舍饲肥育主要视其膘情和屠宰重而定。根据牧草生长状况和羊采食情况，采取分批舍饲与上市的方法，效果较好。

3. 育肥计划

（1）进度与强度：绵羊羔育肥时，一般细毛羔羊在8~8.5月龄结束，半细毛羔羊7~7.5月龄结束，肉用羔羊6~7月龄结束，若采用强化育肥，育肥期短，且能获得高的增重效果，若采用放牧育肥，需延长饲养期，生产成本较低。

（2）日粮配合：日粮中饲料应就地取材，同时搭配上要多样化，精饲料和粗饲料比例以45%和55%为宜。能量饲料是决定日粮成本的主要饲料，配制日粮时应先计算粗饲料的能量水平满足日粮能量的程度，不足部分再由精饲料

补充调整；日粮中蛋白质不足时，要首先考虑饼、粕类植物性高蛋白质饲料。

肉羊育肥期间，每只每天需料量取决于羊个体状况和饲料种类。如淘汰母羊每天需干草1.2~1.8千克、青贮玉米3.2~4.1千克、谷类饲料0.34千克；而体重14~50千克的当年羔羊日需量则分别为0.7~1.0千克、1.8~2.7千克和0.45~1.4千克，但在以补饲为主时，精饲料的每日供给量一般是：山羊羔0.2~0.25千克，绵羊羔0.5~1千克。

育肥羊的饲料可以草、料分开，也可精、粗饲料混合后喂给。精、粗饲料混合而成的日粮，因品质一致，羊不易挑拣，故饲喂效果较好，这种日粮可以做成粉粒状或颗粒状。

粗饲料（如干草、秸秆等）不宜超过30%，并要适当粉碎，粒径1~1.5厘米。粉粒饲料饲喂应适当拌湿喂羊。粗饲料比例一般羔羊不超过20%，其他羊可加到60%。羔羊饲料的颗粒直径1~1.3厘米，成年羊1.8~2.0厘米。羊采食颗粒料育肥，日增重可提高25%，也能减少饲料浪费，但易出现反刍次数减少而吃垫草或啃木头等，使胃壁增厚，但不影响育肥效果。

（3）待育肥羊管理：收购来的肉羊当天不宜饲喂，只给予饮水和喂给少量干草，并让其安静休息。之后按瘦弱状况、体格大小、体重等分组、称重、驱虫和注射疫苗。育肥开始后，要注意针对各组羊的体况、健康状况和育肥要求，调整日粮和饲养方法。最初2~3周，要勤观察羊的表现，及时挑出伤、病、弱的羊，先检查有无肺炎和消化道疾病，并改善环境和注意预防。

（4）羔羊隔栏补饲：在母羊活动集中的地方设置羔羊补饲栏，为羔羊补料，目的在于加快羔羊生长速度，缩小单、双羔羊及出生稍晚羔羊的大小差异，为以后提高育肥效果（尤其是缩短育肥期）打好基础，同时也减少羔羊对母羊索奶的频率，使母羊泌乳高峰期保持较长时间。

需要隔栏补饲的羔羊包括：计划2月龄提前断奶的羔羊、计划2年3产母羊群的羔羊、秋季和冬季出生的羔羊、纯种母羊的羔羊、多胎母羊的羔羊、产羔期后出生的羔羊。

规模较大的羊群一般在羔羊2.5周龄至3周龄开始补料。如产羔期持续较长，羔羊出生不集中，可以按羔羊大小分批进行。规模较小的羊群可选在发现羔羊有舐饲料动作时开始，最早的可以提前到羔羊10日龄时。

羔羊补饲的粗饲料以苜蓿干草或优质青干草为好，用草架让羔羊自由采食；1月龄前的羔羊补喂的玉米以大碎粒为宜，此后则以整粒玉米为好，应在料槽内饲喂。要注意根据季节调整粗饲料和精饲料的饲喂量。早春羔羊补饲时间在青草萌发前，干草要以苜蓿为主，同时混合精饲料以玉米为主；而晚春羔羊补饲时间在青草盛期，可不喂干草，但混合精饲料中除玉米以外，要加适量的豆饼，以保持日粮蛋白质水平不低于15%。在不具备饲料加工条件的地区，可以采用玉米60%、燕麦20%、麸皮10%、豆饼10%的配方。每10千克混合料中加金霉素或土霉素0.4克，骨粉少量。

在具备饲料加工条件的地区，可以采用玉米20%、燕麦20%、豆饼10%、骨粉10%、麸皮10%、糖蜜30%的配方。每10千克精饲料加入金霉素或土霉素0.4克。把以上原料按比例混合制成颗粒料，直径以0.4~0.6厘米为宜。隔栏面积按每只羔羊0.15平方米计算；进出口宽约20厘米，高度38~46厘米，以不挤压羔羊为宜。对隔栏进行清洁与消毒。开始补饲时，白天在饲槽内放些许玉米和豆饼，量少而精。每天不管羔羊是否吃净饲料，都要全部换成新料。

待羔羊学会吃料后，每天再按日进食量投料。一般最初的日进食量为每只40~50克，后期达到300~350克，全期消耗混合料8~10千克。投料时，以每天放料1次、羔羊在30分钟内吃净为佳。时间可安排在早上或晚上，但要有较好的光线。饲喂中，若发现羔羊对饲料不适应，可以更换饲料种类。

（5）饲喂与饮水：饲喂时避免羊拥挤和争食，尤其要防止弱羊采食不到饲料。一般每天饲喂2次，每次投料量以吃净为好。饲料一旦出现湿霉或变质时不要饲喂。饲料变换时，精饲料变换应在3~5天换完；粗饲料换成精饲料，应以精饲料先少后多、逐渐增加的方法，在10天左右换完。

羊饮水要干净卫生。每只羊每天的饮水量随气温变化而变化，通常在气温12℃时为1.0千克，15℃ ~20℃时为1.2千克，20℃以上时为1.5千克。饮用水夏季要防晒，冬季要防冻，雪水或冰水应禁止饮用。

4. 肉羊育肥

（1）羔羊早期育肥：1.5月龄断奶的羔羊，可以采用各种谷物类饲料进行全精饲料育肥，但玉米等高能量饲料效果最好。饲料配合比例为，整粒玉米83%、豆饼15%、石灰石粉1.4%、食盐0.5%、维生素和微量元素0.1%。其中维生素和微量元素的添加量按千克饲料计算：维生素A为5000 IU、维生素D为1000 IU、维生素E为20 IU，硫酸锌为150毫克、硫酸锰为80毫克、氧化镁为200毫克、硫酸钴为5毫克、碘酸钾为1毫克。若没有黄豆饼，可用10%鱼粉替代，同时把玉米比例调整为88%。

羔羊自由采食、自由饮水，饲料的投给最好采用自制的简易自动饲槽，以防止羔羊四肢踩入槽内，造成饲料污染，降低饲料利用率，扩大球虫病与其他病菌的传播。饲槽离地高度应随羔羊日龄增长而提高，以饲槽内饲料不堆积或不溢出为宜。如发现某些羔羊啃食圈墙时，应在运动场内添设盐槽，槽内放入食盐或加等量的石灰石粉，让羔羊自由采食。

饮水器或水槽内应始终有保持清洁的饮水。

羔羊断奶前0.5月龄实行隔栏补饲，或让羔羊早、晚一定时间与母羊分开，独处一圈活动，活动区内设料槽和饮水器，其余时期仍母子同处。羔羊育肥期常见的传染病是肠毒血症和出血性败血症。肠毒血症疫苗可在产羔前给母羊注射或断奶前给羔羊注射。一般情况下，也可以在育肥开始前注射快疫、猝疽和肠毒血症三联苗。

断奶前补饲的饲料应与断奶后育肥饲料相同。玉米粒不要加工成粉状，可以在刚开始时稍加破碎，待习惯后则以整粒饲料喂为宜。羔羊在采食整粒玉米的初期，有吐出玉米粒的现象，反刍次数增加，此为正常现象，不影响育肥效果。

育肥期一般为50~60天，此间不断水、不断料。育肥期的长短主要取决于育肥的最后体重，而体重又与品种类型和育肥初重有关，因此合适的屠宰体重应视具体情况而定。哺乳羔羊育肥时，羔羊不提前断奶，保留原有的母子对，提高隔栏补饲水平。三月龄后挑选体重达到25~27千克的羔羊出栏上市，活重达不到此标准者则留群继续饲养。其目的是利用母羊全年繁殖，安排秋季和冬季产羔，供节日特需的羔羊肉。

（2）断奶后羔羊育肥。

①断奶羔羊育肥的注意事项：在预饲期，每天喂料2次，每次投料量以30~45分钟内吃净为佳，不够再添，量多则要清扫；料槽位置要充足；加大喂量和变换饲料配方都应在3天内完成。断奶后羔羊运出之前应先集中，空腹1夜后次日早晨称重运出；入舍羊应保持安静，供足饮水，1~2天只喂一般易消化的干草；全面驱虫和预防注射。要根据羔羊的体格强弱及采食行为差异调整日粮类型。

②预饲期：预饲期大约为15天，可分为三个阶段。第一阶段1~3天，只喂干草，让羔羊适应新的环境。第二阶段7~10天，从第3天起逐步用第二阶段日粮更换干草，日粮第7天换完喂到第10天。日粮配方为：玉米粒25%、干草65%、糖蜜5%、油饼4%、食盐1%、抗生素50毫克。此配方含蛋白质12.9%、钙0.78%、磷0.24%、精饲料和粗饲料比为36：64。第三阶段是第10~14天，日粮配方为：玉米粒39%、干草50%、糖蜜5%、油饼5%、食盐1%、抗生素35毫克。此配方含蛋白质12.2%、钙0.62%、精饲料和粗饲料比为50：50。预饲期于第15天结束后，转入正式育肥期。

③正式育肥期日粮配制

a. 精饲料型日粮：精饲料型日粮仅适于体重较大的健壮羔羊肥育用，如初期重35千克左右，经40~55天的强度育肥，出栏体重达到48~50千克。日粮配方为：玉米粒96%、蛋白质平衡剂4%，矿物质自由采食。其中，蛋白质平衡剂的成分为上等苜蓿62%、尿素31%、黏固剂4%、磷酸氢钙3%，经粉碎均匀后制成直径0.6厘米的颗粒；矿物质成分为石灰石50%、氯化钾15%、硫酸钾5%，微量元素和盐成分是在日常喂盐、钙、磷之外，再加入双倍食盐量的骨粉，具体比例为食盐32%，骨粉65%，多种微量元素3%。本日粮配方中，1千克风干饲料含蛋白质12.5%，总消化养分85%。

管理上要保证羔羊每只每天食入粗饲料45~90克，可以单独喂给少量秸秆，也可用秸秆当垫草来满足。进圈羊活重较大，绵羊为35千克左右，山羊20千克左右。进圈羊休息3~5天注射三联疫苗，预防肠毒血症，再隔14~15天注射1次。保证饮水，从外地购来的羊要在水中加抗生素，连服5天。在用自动饲槽时，要保持槽内饲料不出现间断，每只羔羊应占有7~8厘米的槽位。羔羊对饲料的适应期一般不低于10天。

b. 粗饲料型日粮：粗饲料型日粮可按投料方式分为两种，一种作普通饲槽用，把精饲料和粗饲料分开喂给；另一种作自动饲槽用，把精饲料和粗饲料合在一起喂给。为减少饲料浪费，对有一定规模的肉羊饲养场，采用自动饲槽用粗饲料型日粮。自动饲槽日粮中的干草应以豆科牧草为主，其蛋白质含量不低于14%。按照渐加慢换原则逐步转到肥育日粮的全喂量。每只羔羊每天喂量按15千克计算，自动饲槽内装足1天的用量，每天投料1次。

要注意不能让槽内饲料流空。配制出来的日粮在质量上要一致。带穗玉米要碾碎，以羔羊难以从中挑出玉米粒为宜。

c. 青贮饲料型日粮：以玉米青贮饲料为主，可占到日粮的67.5%~87.5%，不宜应用于肥育初期的羔羊和短期强度肥育羔羊，可用于育肥期在80天以上的体小羔羊。育肥羔羊开始应喂预饲期日粮10~14天，再转用青贮饲料型日粮。严格按日粮配方比例混合均匀，尤其是石灰石粉不可缺少。要达到预期日增重110~160克，羔羊每天进食量不能低于2.3千克。

配方可以选用：碎玉米粒8.75%、青贮玉米87.5%、蛋白质补充料3.5%、石灰石0.25%，每千克饲料中维生素A为825 IU、维生素D为83 IU、抗生素11毫克。此配方风干饲料中含蛋白质11.31%、总消化养分63.0%、钙0.45%、磷0.21%。

（3）成年羊育肥。

采用放牧与补饲型：夏季成年羊以放牧育肥为主，适当补饲精饲料，其日采食青绿饲料可达7~6千克，精饲料0.4~0.5千克，合计折合成干物质1.6~1.9千克、可消化蛋白质150~170克，育肥日增重120~140克。秋季主要选择淘汰老母羊和瘦弱羊为育肥羊，育肥期一般80~100天。日增重偏低，可采用使

淘汰母羊配上种，怀胎育肥 60 天左右宰杀；或将羊先转入秋草场或农田茬子地放牧，待膘情转好后，再转入舍饲育肥。

这种育肥方式的典型日粮配方有：

①禾本科干草 0.5 千克、青贮玉米 4.0 千克、碎谷粒 0.5 千克。

②禾本科干草 1.0 千克、青贮玉米 4.0 千克、碎谷粒 0.7 千克。

③青贮玉米 4.0 千克、碎谷粒 0.5 千克、尿素 10 克、秸秆 0.5 千克。

④禾本科干草 0.5 千克、青贮玉米 3.0 千克、碎谷粒 0.45 千克、多汁饲料 0.8 千克。

颗粒饲料型：适于有饲料加工条件的地区和饲养的肉用成年羊和羯羊。颗粒饲料中，秸秆和干草粉可占 55%~60%，精饲料 35% ~ 40%。典型日粮配方有：

①禾本科草粉 35.0%、秸秆 44.5%、精饲料 20.0%、磷酸氢钙 0.5%。

②禾本科草粉 30.0%、秸秆 44.5%、精饲料 25.0%、磷酸氢钙 0.5%。此配方饲料中含干物质 86%、粗蛋白质 7.4%、钙 0.49%、磷 0.25%、饲料的代谢能 7.106 兆焦 / 千克。

选择最优配方并严格按比例称量饲料。充分利用天然牧草、秸秆、灌木枝叶、农副产品以及各种下脚料，扩大饲料来源。合理利用尿素和各种添加剂。成年羊日粮中尿素可占到 1%，矿物质和维生素可占到 3%。安排合理的饲喂制度，成年羊日粮的日喂量依配方不同而有差异，一般为 2.5~2.7 千克，每天投料 2 次，日喂量的调节以饲槽内基本不剩为宜。

喂颗粒料时，最好采用自动饲槽投料，雨天不宜在敞圈饲喂，午后适当喂些青干草（按每只羊 0.25 千克），以利于反刍。

五、乳用山羊的饲养管理

（一）乳用山羊的产奶性能

奶山羊一般每年产奶 10 个月，干奶 2 个月，第三胎的泌乳量可达最高峰。但是培育特好或配种较晚的母羊，第 1 胎产奶量就比较高，第二胎可达最高峰。在一个泌乳期，因泌乳初期催乳素等作用强烈，加之体内营养物质贮积甚丰，代谢旺盛，泌乳继续不断上升，一般到第 40~70 天达到泌乳最高峰。此后催乳激素的作用和代谢机能变弱，乳量也渐次下降。

再次妊娠后的第二个月，由于妊娠黄体的作用渐强，使催乳素的作用更弱，泌乳量会显著下降。

泌乳能力较高的羊达到高峰的日期较晚，维持在高峰的日数也较长。

乳脂率的升降与泌乳量恰相反。分娩后初乳阶段，乳脂率高达 8%~10%，此后随乳量增加，乳脂率渐减。泌乳量最高时，乳脂率降至最低。到泌乳末期，当泌乳量显著减少的时候，乳脂率会略有升高。在一个泌乳中期，乳脂率的变化甚微，只是在泌乳的开始和结束时有降升。但每日乳脂肪的产量与产乳量呈正相关。

（二）影响产奶量的因素

1. 品种

不同品种的山羊，产奶量不同。萨能奶山羊一般年泌乳量在 800 千克左右，在饲养条件较好的情况下小群平均年产奶量可超过 1000 千克，有些个体 365 天产奶量可超过 2000 千克。崂山奶山羊一般年产奶量 497 千克，最高个体可达 1300 千克。关中奶山羊，在一般饲养条件下，优良个体年产奶量：一产 450 千克，二产 520 千克，三产 600 千克，高产个体在 700 千克以上。

2. 日粮的营养水平

同一品种在不同的营养条件下，产奶量差异很大。日粮中所含营养物质是泌乳的物质基础，如泌乳盛期的高产奶羊，所给日粮的数量可达 10 千克以上，要使它安全吃完这样大量的饲料，必须注意日粮的体积、适口性、消化性。日粮的营养水平要求相当高。据测定，泌乳量与食入消化能呈极显著正相关，R=0.978；泌乳量与干物质采食量也呈极显著正相关，R=0.986。这表明营养水平与产奶量的关系极为密切。

3. 年龄和胎次

西农萨能羊在 18 月龄配种的情况下，3~6 岁，即第 2~5 胎产奶量较高，第 2~3 胎产奶量最高，6 胎以后产奶量显著下降。

对同一年的 37 只高产羊（奶量在 1200 千克以上），与 52 只一般羊泌乳胎次统计得出，高产羊平均能利用胎次为 5.78 胎，一般羊为 3.86 胎，差异显著。

4. 个体

同一个品种，不同公、母羊的后代，由于遗传基础不同，产奶量不同。

5. 乳房有关形状对产奶量的影响

乳房容积同产奶量呈显著正相关，R=0.512（$P < 0.05$）。西农萨能羊乳房基部周径、乳房后连线、乳房深度、乳房宽度均与产奶量呈显著正相关，其相关系数分别为 0.351、0.373、0.489、0.392。乳房外形评分同产奶量的相关系数 R=0.634（$P < 0.01$）。这说明乳房外形越好，评分越高，产奶量越高。

6. 初配年龄与产羔月份

初配年龄取决于个体发育的优劣，而个体发育受饲养管理条件的影响。据测定，给 6~8 月龄体重 22.71 千克和 14~16 月龄体重 36.18 千克的母羊配种，其泌乳量分别为 154.77 千克和 448.05 千克，差异明显。

母羊的产羔月份对一个泌乳期产奶量有一定影响。第三胎母羊 1 月产羔的产乳量平均为 1045.1 千克，2 月产羔的产乳量平均为 1057.6 千克，3 月产羔的产乳量平均为 1018.7 千克，4 月产羔的产乳量平均为 927.0 千克。引起这种差异的主要原因是产奶天数、天气和饲料条件的变化。

7. 同窝产羔数

产羔数多的母羊一般产奶量较高，但多羔母羊怀孕期营养消耗多，将会影响产后的泌乳。

8. 挤奶

挤奶的方法、次数对产奶量有明显的影响。擦洗、热敷、按摩、每分钟适宜的挤奶节拍（60 次 / 分左右）和每次将奶挤净等，都可以提高产奶量。据调查，改 1 次挤奶为 2 次挤奶，产奶量可提高 25%~30%，改 2 次挤奶为 3 次挤奶，奶量可提高 15%~20%。

9. 其他

疾病、气候、应激、发情、产羔、挤奶等原因，都会影响产奶量。

（三）提高产奶量的措施

由于产奶量受遗传因素的制约，受环境的影响。所以，要提高产奶量，必须从遗传方面着手，在饲养上下功夫。

1. 加强育种工作，提高品种质量

（1）发展优良品种：对于引进的优良品种，如萨能羊、吐根堡羊等，要集中加强管理，建立品系，提纯复壮，扩大数量，提高质量。

（2）提高我国培育的品种质量：对于我国自己培育的品种，如关中奶山羊、崂山奶山羊等，要建立良种繁育体系，严格选种，合理选配，稳定数量，不断提高质量。

（3）积极改良当地品种：对于低产羊要继续进行级进交杂，积极改良提高。要成立育种组织，落实改良方案，制订鉴定标准，每年鉴定，良种登记。

2. 加强羔羊、青年羊的培育

羔羊和青年羊的培育，是介于遗传和选择之间的一个重要环节，如果培育工作做得不好，优良的遗传基因就得不到显示和发挥，选择也就失去了基础和对象。如果在选择的基础上加强培育，在良好培育的基础上认真选择，坚持数年，羊群质量就会提高。羔羊生长发育最快的时间在 75 日龄以内，前 45 天生长最快，随年龄的增长其速度降低，所以羔羊的喂奶量应以 30~60 日龄为最高。初生重、断奶重与其产奶量呈显著正相关，加强培育，增大体格，保证器官发育，对提高产奶量有重要作用。

3. 科学饲养

（1）根据奶山羊生理特点和生活习性饲养：草是奶山羊消化生理必不可少的物质，也是奶山羊营养的重要来源和提高乳脂率的物质基础。青绿饲料、青贮饲料和优质干草，营养丰富，适口性强，易于消化，有利于奶山羊的生长发育、繁殖、泌乳和健康。精饲料过多，瘤胃酸度升高，影响消化。因此，要以草为主饲养奶山羊。

（2）根据不同生理阶段饲养：要根据不同生理阶段、泌乳初期、泌乳盛期、泌乳稳定期、泌乳后期、干奶期的生理特点，合理地饲养。

（3）认真执行饲养标准：认真按照饲养标准进行饲养，保证各类羊的营养需要。采用配合饲料和复合添加剂，保证羊营养全面。

4. 科学管理

科学管理，可增进健康，减少疾病。

（1）认真做好干奶期、产后和泌乳高峰期的管理工作，产后及时催奶。与此同时，按照产奶量增加挤奶次数。适当的挤奶次数、正确的挤奶方法、熟练的挤奶技术对提高产奶量有明显的作用。

（2）坚持运动，增进健康；经常刷拭，定期修蹄，搞好卫生，减少疾病。

（3）适时配种，防止空怀，八九月配，翌年一二月产有利于产奶。

（4）加强疫病防治，保证羊健康。夏季防暑防蚊，冬季防寒防癣。

（5）合理的羊群结构，及时淘汰老、弱、病、残。

（四）乳用山羊的饲养

1. 干奶期的饲养

乳用山羊在干奶期的饲养务必加强，尽快恢复其体力，使体内贮积足量的蛋白质、矿物质及维生素，使体况达到相当丰满，以保证下一个泌乳期的丰产，并可以提高下一个泌乳期的乳脂肪产量。但不宜过肥，干奶期过肥的奶羊分娩困难，对胎儿发育和泌乳不利。

一般情况下应按每天产奶 1.0~1.5 千克的饲养标准喂饲。如给优质嫩干草 1 千克、青贮饲料 2 千克、精饲料 0.25~0.3 千克。

2. 泌乳初期的饲养

由于母羊分娩体弱及护子等特殊情况，此时的饲养需要特别细致，必须根据具体情况分别对待。一般的饲养原则是：以优质嫩干草为主要饲料，让其尽量采食。然后视体况之肥瘦、乳房膨胀程度、食欲表现、粪便的形状和气味，灵活地掌握精饲料和多汁饲料的喂量。如体况较肥、乳房膨大过甚、消化不良者，切忌过快增加精饲料。如体况消瘦、消化力弱、食欲不振、乳房膨胀不够者，应少量喂给多淀粉的薯类饲料，以增进其体力，有利于增加产奶量。产后如对于催奶措施操之过急，大量增加难以消化的精饲料，易伤及肠胃，形成食滞或慢性肠胃疾患，影响本胎次的产奶量，重者可以伤害终生的消化力。若干奶期间体况良好，可较缓慢地增加精饲料，既不至于亏损奶羊，也不至于妨碍奶量增加，且可保证食欲和消化力的旺盛。10 天或 15 天以后，再按饲养标准喂给应有的日粮。

3. 泌乳盛期和泌乳后期的饲养

高产奶羊达到最高日产量的日期较晚，一般在产后第 40~70 天，有的奶羊为 30~45 天。在产奶量不断上升阶段，体内储蓄的各种养分不断付出，体重也不断减轻。在此时期，饲养条件对于泌乳机能最为敏感，应该尽量利用最优越的饲料条件，配给最好的日粮。为了满足日粮中干物质的需要量，除仍要喂给相当于体重 1%~1.5% 的优质干草外，应该尽量多喂给青草、青贮饲料和部分块根块茎类饲料。若可消化养分或可消化蛋白质不足，再用混合精饲料补饲，并按标准要多给一些产奶饲料，以刺激泌乳机能尽量发挥。同时要注意日粮的适口性，并从各方面促进其消化力，如进行适当运动，增加采食次数，改善饲喂方法等。只要在此时期生理上不受挫折，产奶量由于饲喂得法，顺利地增加上去，便可以大大地提高这个泌乳期的产奶量。

精饲料的给量因所给干草和多汁饲料的品质和数量不同而变化极大。从每产奶 1 千克给精饲料 180 克到 450 克不等。青粗饲料品质低劣，而精饲料比例太大的日粮，泌乳所需的各种营养物质也难得平衡，容易使羊肥胖，难以发挥其最大产奶力。

过分强调丰富饲养，长期使羊过食或过多地利用蛋白质饲料，不仅会引起消化障碍，奶量降低，还会损伤机体，缩短奶羊的利用年限。奶量上升停止后，可将超标准的饲料减去。在奶量稳定期，应尽量避免饲料、饲养方法以及工作日程的变动，尽一切可能使高产奶量稳定地保持较长时期。产奶量一旦下降，再回升就很困难。

当产奶量下降的时候，应视营养情况逐渐减少精饲料。如精饲料减之过急，会加速产奶量的降低。反之，日粮长期超过泌乳所需要的数量，则奶羊可能很快变肥，也会造成产奶量降低。酌情处理这个问题时，一方面应控制体重增加不要太快，另一方面控制产奶量缓慢下降，如此既可增加本胎次的产奶量，也可以保证胎儿的发育并为下胎泌乳贮积体力。

（五）山羊的管理

1. 羔羊护理

产羔前应准备好接羔用棚舍，要求宽散、明亮、保温、干燥、空气新鲜。产羔棚舍内的墙壁、地面以及饲草架、饲槽、分娩栏、运动场等，在产羔开始前3~5天要彻底清扫和消毒。母羊临产前，表现乳房肿大，乳头直立；阴门肿胀潮红，有时流出浓稠黏液；行动困难，排尿次数增多；起卧不安，不时回顾腹部。在母羊产羔过程中，一般不应干扰，让其自行娩出。对初产母羊因骨盆和阴道较为狭小，或双胎母羊在分娩第二只羔羊时需要助产。当羔羊嘴露出后，用一只手推动母羊会阴部；羔羊头部露出后，再用一手托住头部，另一手握住前肢，随母羊的努责向后下方拉出胎儿。

羔羊产出后，首先把其口腔、鼻腔里的黏液掏干净，以免因呼吸困难、吞咽羊水而引起窒息或异物性肺炎。羔羊身上的黏液应及早让母羊舔干，既可促进新生羔羊的血液循环，又有助于母羊认羔。如果母羊不舐羔或天气寒冷时，可用柔软干草迅速把羔体擦干，以免受凉。羔羊出生后，一般情况下都是由自己扯断脐带。在人工助产下娩出的羔羊，可由助产者断脐带，断前可用手把脐带中的血向羔羊脐部捋几下，然后在离羔羊肚皮3~4厘米处剪断并用碘酒消毒。羔羊出生后，应使其尽快吃上初乳，瘦弱的羔羊或初产母羊，或母性差的母羊，需要人工辅助哺乳。哺乳方法是先把母羊固定住，将羔羊放到乳房前，找好乳头，让羔羊吃奶，反复几次，羔羊即可自行吮乳。若母羊营养不良或有病或一胎多羔奶水不足时，应找保姆羊代乳。

2. 去角

有角的乳山羊给管理造成不便，特别是羊进入采食的颈枷时。因此，羔羊生后1~2周（即羔羊转入人工哺乳群）时进行去角。去角时，一人抱住羔羊，并将头部保定，然后用弯刃剪刀，将长角部位的毛剪去，用手摸感到一较硬的凸起，即是角的生长点，在生长点周围剪毛的部位，涂以凡士林，保护健康的皮肤，然后用棒状苛性钠（钾）一根（手握部分用纸包好，一端露出小部分），沾水在凸起部分反复摩擦，直到微出血为止，但不可过度，出血过多会留下一凹。摩擦应全面，磨不到处（或不彻底处）以后会长出片状短角。

去角后不让羔羊到母羊跟前吃奶，以防药物涂到母羊身上伤害皮肤。

3. 修蹄

长期舍饲的山羊，蹄子磨损少，但蹄子仍然不断地增长，造成行走不便，采食困难，奶量下降，严重者引起蹄病或蹄变形。

修蹄一般在雨后进行，这时蹄质软，易修剪。修蹄时将羊卧在地上，人站在羊背后，使羊半躺在人的两腿中间，将羊的后腿跷起使羊挣扎不起来，大公羊修蹄时，需要2人将羊按倒在地上整修。修蹄时从前肢开始，先用果树剪将生长过长的角尖剪掉，然后用利刀将蹄底的边沿修整到和蹄底一样平齐。修到蹄底可见淡红色的血管为止，千万不要修剪过度。如果修剪过度造成出血，可涂上碘酒消炎。若出血不止，可将烙铁烧到微红色，很快将蹄底

烧烙一下。动作要快，以免造成烫伤。

4. 抓绒

山羊每年春季要进行抓绒和剪毛。具体抓绒日期应根据当地天气条件而定，当春暖时，绒毛就开始脱落，绒毛脱落的顺序是从头部开始逐步移向颈、肩、胸、背、腰和股部。当发现山羊的头部、耳根及眼圈周围的绒毛开始脱落时，就是开始抓绒的时间，抓绒 1~2 次，抓完绒毛以后约 1 周进行剪毛。

抓绒时先将羊卧倒，用绳子将两前腿及一后腿捆在一起，以免羊挣扎时将腿上的皮磨破。

抓绒开始先用稀梳顺毛的方向由颈、肩、胸、背、腰及股各部由上而下将沾在羊身上的碎草及粪块轻轻梳掉。然后用密梳逆毛而梳，其顺序是由股、腰、背、胸及肩部。抓子要贴近皮肤，用力要均匀，不可用力过猛以免抓破皮肤。梳齿油腻后，抓不下绒来，可将抓子在土地上摩擦去油，然后再用。

5. 挤奶方法

为了便于挤奶和保持乳汁的清洁，挤奶前应将乳房及其周围的毛剪去，挤奶员应经常剪指甲并磨秃，用亲切、安静、和善的态度对待羊，每次挤奶时应按以下顺序进行：首先引导羊站在挤奶台上，在小食槽内添加饲料，诱其安静采食。习惯了的羊，每到时间会自动依次跳上挤奶台。

挤奶前用毛巾沾以热水（约 50℃）擦乳房及乳头附近，再换干毛巾将乳房、乳头擦干，然后对乳房进行按摩。按摩时，先左右对揉，再由上而下，动作要柔和，不可给以强烈的刺激，每次揉三四回即可。

按摩后即开始挤奶，挤奶的手法有两种。一种是滑挤法，即手指捏住乳头从上往下滑动挤出乳汁；另一种是压挤法（又叫拳握法），即先用拇指及食指捏紧乳头上部，防止乳汁倒流，然后其他 3 个手指由上到下，依次合拢挤出乳汁。挤奶时手的位置不动，只有手指的开合动作。动作要确实、敏捷、轻巧，两手握力均匀，速度一致，方向对称。否则，可因挤奶不善造成乳房的畸形。一般认为压挤法比滑挤法要好。挤奶结束前，可仿照羔羊吃奶时用头或嘴碰撞乳房的动作，向上撞击乳房，能促进奶的排出。挤奶时最先挤出的几滴奶舍弃。每次挤奶要求挤出最后一滴为止，如不挤尽，将影响泌奶量，况且最后挤出的奶，含脂率较高。

挤奶结束后应进行登记。然后将乳汁用三层纱布过滤后装入装奶桶，并打扫挤奶室。挤出的奶消毒后方可保存或送出。鲜奶要避免和怪味接触，因为鲜奶最易吸收气体。

六、裘羔皮用羊的饲养管理

（一）猾子皮和羔皮特点

毛皮为带毛鞣制的产品。板皮为生羊皮，其皮上的羊毛没有实用价值，板皮经脱毛鞣制的产品为革。板皮又分羔皮和裘皮两种。羔皮是出生前或出生后 1~3 天内剥取的羔羊皮。

裘皮是出生后 1 个月以上剥取的毛皮。

1. 猾子皮

羔皮的一种，其特点是：

（1）毛细，紧密适中，毛的平均细度为 44.4~55.0 微米，长度为 2.2 厘米左右。

（2）花纹明显，花型分为波浪、流水及片花。

（3）小而轻，羔皮经过钉板后，平均面积为 1165 平方厘米，鞣制后平均重量为 65 克，是制造皮领、皮帽、翻毛外衣的原料。如济宁青山羊猾子皮具有青色的波浪花纹，人工不能染制，非常美观。

2. 羔皮

羔皮一般是露毛外穿，其特点是：

①花案奇特，美观悦目。

②轻便，保暖。

（二）饲养管理对毛皮品质的影响

羔皮和裘皮的品质，受季节性营养条件影响很大。随着天气的变化，在不同的季节中，羔皮和裘皮的质量、毛弯或毛卷、羊毛的密度等都有差别。

春季剥取的粗毛羊皮，因天气逐渐转入温暖，前期营养条件不好，其毛皮毛根松弛，皮板瘦薄。外观虽然毛长绒多，实际上毛绒轻，空疏而黏涩，毛弯卷曲不甚坚实，光泽较差。皮板呈蜡黄或暗黄色，油性较少，脆而不坚。晚春皮常因毛纤维逐渐开始脱离皮肤，故称“顶绒皮”，只可刮毛留皮板，不宜制裘。

夏季所产毛皮，一般都在剪毛以后不久，毛短、稀且粗，底绒空疏，毛虽成缕，但少毛弯，而且松散无光泽，皮板薄弱，呈灰黄色，无油性。

秋季天气渐冷，经过放牧抓原，这时所产毛皮，毛短成缕，稍有底绒，毛弯卷曲虽少，但坚实清楚，光泽较好，皮板足壮，为肉红板，油性较大。秋末产的晚秋皮，称“秋剪茬”，是全年板质最好的皮张。裘制品穿用耐久，轻便美观，最受消费者的欢迎。冬季所产毛皮，毛大绒足，毛根坚固，毛弯卷曲坚实，皮板厚实，油性也大。初冬和正冬皮最好，也是羊皮品质较好的

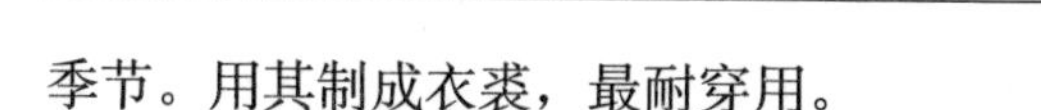

季节。用其制成衣裘，最耐穿用。

生后即宰的羔皮品质，同样受到母羊产羔季节和健康状况的影响而产生相应的变化。

管理也影响到羔皮和裘皮的品质。例如，绵羊在放牧时，趴卧在潮湿不洁的洼地；或在舍饲期，羊舍粪便淤积，长期不换垫草，就会使毛皮污染变质。羊皮上有挤癣疮疤，也会严重影响制裘。

（三）羔裘羊的饲养管理

放牧是羔裘羊饲养的基本方式，在草料丰富的地方，山羊全年放牧，仅在大雪封地或母羊产羔前后补以草料。在农区也应充分利用河边、隙地或茬子地进行季节性放牧。由于羔裘羊多生活在北方干旱、寒冷、荒漠、半荒漠地区，冬、春季节饲草缺乏，在漫长的冬季，羔裘羊长期处于饥寒交迫境地，羊的死亡率高，影响羔、裘皮质量。所以要在冬、春季乏草期加强补饲，保证其营养体况良好。

在一般情况下，单羔比双羔生长发育快，单羔、双羔发育的差异主要是营养问题。所以，补饲是山羊饲养管理中的重要环节。补饲分为母羊的补饲和羔羊的补饲。

母羊的补饲主要在产羔前3~4周和产羔后4~6周进行。因为这时期胎儿生长发育迅速，需要大量的营养物质，产生的羔羊主要依靠母乳生活，母羊的泌乳量对羔羊的生长发育影响最大，特别是产双羔或多羔的母羊，补饲显得更为重要。母羊补饲能提高母羊泌乳量，满足羔羊生长发育对营养物质的需要。

羔羊出生后随着日龄的增长，需要的营养物质越来越多，3周后完全依靠母乳已不能满足羔羊生长发育的需要。所以，羔羊应在出生后20天起开始补饲。

七、不同季节羊的饲养管理

（一）春季放牧管理

羊经过一个漫长的冬季，体质普遍较弱，易发生“春乏”。为防止羊“跑青”消耗体力，宜采用“一条鞭”的放牧法，使羊群在草场成横排向前采食，放牧员站在羊群的前面压阵，控制羊群的前进速度，使其少走路，多吃草，连同草场的枯草一并吃完，并适当延长放牧时间，尽可能让羊吃饱。

清明谷雨以后，牧草进入盛草期，牧草水分含量高，易引起羊腹胀腹泻，应在出牧前先给羊喂些干草。盛草期间，要实行分段放牧，以利牧草再生。

（二）夏季放牧管理

夏季虽然牧草旺盛，但雨水多，蚊蝇也多，放牧要“抓晴天，赶阴天，麻风细雨当好天”。做到晴天整天放，阴天保证羊吃草的足够时间，小雨不停牧，中雨、阵雨、大雨抓紧雨停空隙时间放。雨天牧羊要慢赶慢走，防止羊滑跌损伤；雨后严禁在以豆科牧草为主的草场放牧，防止鼓胀病发生。

炎热天气，放牧应早出晚归，早、晚晾羊，中午歇羊。上午放西坡，顺风出牧顶风归；下午放东坡，顶风出牧顺风归；中午将羊赶到树林歇息反刍，待太阳西斜后再放牧。

（三）秋季放牧管理

秋季牧草结子，营养极为丰富，是放牧饲养抓原和配种的季节，应全力抓好秋季放牧，为羊群安全越冬和母羊产羔打下基础。

入秋以后，日短夜长，天气凉爽，牧草结实，粮食作物收割，放牧羊较为方便，而且羊的食欲旺盛。这时要早出牧，晚收牧，中午不休牧。

晚秋气温日趋下降，有些地方早、晚有霜冻，这时，应根据牧草枯萎变化的规律，因地制宜放牧。在利用草场时可由远至近，先由山顶到山腰，再到山下，最后转入平滩及山间盆地放牧，留下附近草场供羊越冬放牧和放牧羔羊及产羔母羊使用。

（四）冬季的饲养管理

冬季牧草稀疏枯老，天寒地冻，母羊处于怀孕后期，当年育成羊进入越冬期，需要充足的营养供应。保原、保胎、保安全越冬是整个冬季养羊的中心，必须加强以下几方面的工作：

1. 正确放牧

初冬雨水稀少，气温尚不很低，仍有部分青绿牧草可供采食，要紧紧抓住这个有利时机，继续按秋季放牧要求加强放牧管理，尽量让羊多吃到一些青草。

2. 精心舍饲

进入深冬，羊群以舍饲为主，饲料可根据条件，喂给青干草、各类秸秆、青贮饲料、微贮饲料和氨化饲料，实行自由采食，并补饲适量的黄豆、玉米、稻谷、干红薯丝、糠麸等混合饲料，晴天进行放牧或户外运动。

3. 保胎护羔

怀孕母羊和产羔母羊，除做好保暖工作外，适当增喂精饲料和温淡盐水，以满足怀孕母羊和产羔母羊的营养需要。

八、羊的一般管理要求

（一）捉羊方法

捕捉羊是管理上常见的工作，有的捉毛扯皮，往往造成皮肉分离，甚至坏死生蝇，造成不应有的损失。正确的捕捉方法是：右手捉住羊后腱部，然后左手握住另一腱部，因为腱部的皮肤松弛，不会使羊受伤，人也省力，容易捕捉。

引导羊前进时，如拉住颈部和耳朵时，羊感到疼痛，用力挣扎，不易前进。正确的方法是一手在额下轻托，以便左右其方向，另一手在坐骨部位向前推动，羊即前进。放倒羊的时候，人应站在羊的一侧，一手绕过羊颈下方，紧贴羊另一侧的前肢上部，另一只手绕过后肢紧握住对侧后肢飞节上部，轻拉后肢，使羊卧倒。

（二）分群管理

1. 种羊场羊群

一般分为繁殖母羊群、育成母羊群、育成公羊群、羔羊群及成年公羊群。

2. 商品羊场羊群

一般分为繁殖母羊群、育成母羊群、羔羊群、公羊群及羯羊群，一般不专门组织育成公羊群。

3. 肉羊场羊群

一般分为繁殖母羊群、后备羊群及商品育肥羊群。

4. 羊群大小

一般细毛羊母羊为200~300只，粗毛羊400~500只，羯羊800~1000只，育成母羊200~300只，育成公羊200只。

（三）羊年龄鉴定

羊年龄的鉴定可根据门齿状况、耳标号和烙角号来确定。

1. 根据门齿状况鉴定年龄

绵羊的门齿依其发育阶段分作乳齿和永久齿。

幼年羊乳齿计20枚，随着绵羊的生长发育，逐渐更为永久齿，成年时达32枚。乳齿小而白，永久齿大而微带黄色。上、下颚各有臼齿12枚（每边各6枚），下颚有门齿8枚，上颚没有门齿。

羔羊初生时下颚即有门齿（乳齿）1对，生后不久长出第2对门齿，生后2~3周长出第3对门齿，第4对门齿于生后3~4周时出现。第1对乳齿脱落更换成永久齿时年龄为1~1.5岁，更换第2对时年龄为1.5~2岁，更换第3对时年龄为2~3岁，更换第4对时年龄为3~4岁。4对乳齿完全更换为永久齿时，一般称为“齐口”或“满口”。

4岁以上绵羊根据门齿磨损程度鉴定年龄。一般绵羊到5岁以上牙齿即出现磨损，称“老满口”；6~7岁时门齿已有松动或脱落的，这时称为“破口”；门齿出现齿缝、牙床上只剩点状齿时，年龄已达8岁以上，称为“老口”。

绵羊牙齿的更换时间及磨损程度受很多因素的影响。一般早熟品种羊换牙比其他品种早6~9个月完成；个体不同对换牙时间也有影响。此外，与绵羊采食的饲料亦有关系，如采食粗硬的秸秆，可使牙齿磨损加快。

2. 根据耳标号、烙角号判断年龄

现在生产中最常用的年龄鉴定还是根据耳标号、烙角号（公羊）进行。一般编号的头一个数是出生年度，这个方法准确、方便。

（四）羊编号的方法

编号是育种和日常管理工作中必不可少的。编号的方法有插耳标法、剪耳法等。

1. 插耳标法

耳标用铝或塑料制成，有圆形、长方形两种。长方形耳标在多灌木的地区放羊容易被挂掉。圆形者比较牢固。耳标用来记载羊的个体号，品种符号及出生的年份等。用特制的钢字钉把需要的号数打在耳标上，上边第一个号数，打上出生年份最末一个字，其次才是羊的个体号数。如1—12即指2001年生，12号羊。公羊可用单数，母羊用双数，每年由1或2号开始，不要逐年累计。

耳标插于左耳基下部。用打耳钳打孔时，要避开血管，预计打孔的地方要用碘酒充分消毒。

2. 剪耳法

在过去没有耳标时，就在羊的两耳上剪缺刻，作为羊的个体号。其规定是：左耳作个位数，右耳作十位数，耳的上缘剪一缺刻代表3，下缘代表1，这方法简便易行，但缺点不少。

（五）公羊去势

凡不做种用的公羊都应去势。去势的羊性情温驯，便于管理，生长速度较快，肉膻味小，且较细嫩。常用去势方法有结扎去势法、切割去势法。

1. 结扎去势法

适用于7~10日龄的小公羔，将睾丸挤到阴囊里，并拉长阴囊，用橡皮筋或细绳紧结扎在阴囊上部，一般经过10~15天，阴囊及睾丸萎缩自然脱落。结扎羔羊最初几天有些疼痛不安，几天以后即可安宁。

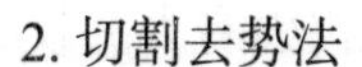

2. 切割去势法

两周以上的公羊都可用此法进行去势。去势方法是：一人固定羊，另一人握住阴囊上部，使睾丸挤向阴囊底部，剪掉阴囊及阴囊周围的毛，然后用碘酒局部消毒，用消毒过的手术刀横切阴囊，挤出一侧睾丸，将睾丸连同精索用力拉出，撕断精索，再用同样方法取出另一侧睾丸。阴囊切口处用碘酒消毒，阴囊内和切口处撒上消炎粉，过 1~2 天，再检查 1 次，如发现阴囊肿胀，可挤出其中的血水，再涂抹碘酒和消炎粉。去势的羔羊生活区内应保持清洁干燥，以防感染。

第二节 肉牛饲养管理技术

一、牛的消化道结构

牛是反刍动物，消化系统主要由口腔、食道、胃、小肠、大肠、肛门和唾液腺、肝脏、胰腺、胆囊及肾脏等附属消化腺及器官组成。

（一）口腔

牛口腔中的唇、齿和舌是主要的摄食器官。牛舌长灵活，舌面粗糙，适于卷食草料，并配合切齿和齿板的嚼合动作完成采食过程。当采食鲜嫩的青草或小颗粒饲料（如谷物、颗粒饲料等）时唇是重要的摄食器官。奶牛有腮腺、颌下腺、白齿腺、舌下腺、颊腺等 5 个成对的唾液腺以及腭腺、咽腺和唇腺等 3 个单一腺体。唾液对牛消化有着特殊重要的生理作用。

（二）食道

食道是从咽部至瘤胃之间的管道，成年牛长约 1 米。草料与唾液在口腔内混合后通过食道进入瘤胃，瘤胃食糜又有规律地通过逆呕经食道回到口腔，经细嚼反再行咽下（此过程叫反刍）。

（三）复胃

牛有 4 个胃室：瘤胃、网胃、瓣胃和皱胃。其中瘤、网、瓣 3 个胃组成前胃。皱胃由于有胃腺，能分泌消化液，故又称之为真胃。犊牛时期，其消化特点与杂食动物及肉食动物相似，皱胃起主要作用。随着月龄的增长，牛对植物性饲料的采食量逐渐增加，瘤胃和网胃很快发育，而真胃容积相对变小，到 6~9 月龄时，初步具备成年牛的消化能力。

1. 瘤胃

牛的胃容积很大，成年牛胃总容积为 151~227 升，其中瘤胃容积最大，可容纳 100~120 千克的饲料，占据整个腹部左半侧和右侧下半部。瘤胃是微生物发酵饲料的主要场所，有“发酵罐”之称，在柱状肌肉强有力的收缩与松弛作用下，瘤胃进行节律性蠕动。食入的纤维类饲料通常在瘤胃滞留20~48小时。瘤胃黏膜上有许多乳头状突起，尤其是背囊部“黏膜乳头”特别发达，其有助于营养物质的吸收。

2. 网胃

网胃位于膈顶后方，由网—瘤胃褶将其与瘤胃隔开。瘤胃与网胃的内容物可自由混杂，功能相似，因而瘤胃与网胃亦合称为瘤网胃。同时，网胃还控制食糜颗粒流出瘤胃，只有当食糜颗粒小于1~2毫米，且密度大于1.2克/毫升时，才能流入瓣胃。

3. 瓣胃

瓣胃呈圆形，其体积大约为10升。瓣胃是一个连接瘤网胃与皱胃的过滤器官，其胃黏膜形成100多片瓣叶。其功能是磨碎较大食糜颗粒。进一步发酵纤维素，吸收有机酸、水分及部分矿物质。

4. 皱胃

皱胃分为胃底和幽门两部。胃底腺分泌盐酸、胃蛋白酶及凝乳酶，幽门腺分泌黏液及少量胃蛋白酶原。同时，皱胃黏膜折叠成许多纵向皱褶，有助于防止皱胃内容物流回瓣胃。

（四）肠道

包括小肠、大肠、盲肠及直肠。牛小肠特别发达，成年牛小肠长约35~40米，盲肠0.75米，结肠10~11米。

小肠是营养物质消化吸收的主要器官。胰腺分泌的胰液由导管进入十二指肠，其中含有的膜蛋白分解酶、膜脂肪酶和膜淀粉酶分解食物中的蛋白质、脂肪和糖，分解产物经小肠黏膜的上皮细胞吸收进入血液或淋巴系统。

二、消化生理现象

（一）反刍

反刍俗称倒嚼。牛在摄食时，饲料一般不经充分咀嚼就匆匆吞咽入瘤胃。休息时，在瘤胃中经过浸泡的食团刺激瘤胃前庭和食管沟的感受器，兴奋传至中枢，引起食道逆蠕动，食团通过逆呕返送到口腔，经再咀嚼，混入唾液，再吞咽，这一生理过程称反刍。牛大约在3周龄时出现反刍。

反刍频率和反刍时间与牛的年龄及饲料物理性质有关。后备牛日反刍次数高于成年牛，采食粗劣牧草比幼嫩多汁饲料的反刍时间长，采食精料类型日粮的反刍时间短、次数少。同时，许多因素会干扰或影响牛的反刍，如处于发情期的牛，反刍几乎消失，但不完全停止；任何引起疼痛的因素、饥饿、

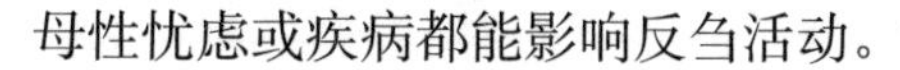
母性忧虑或疾病都能影响反刍活动。

（二）嗳气

牛所食的营养物质在瘤胃微生物的发酵过程中，每昼夜可产生 600~1300 升的气体，其中 50%~70% 为二氧化碳，20%~45% 为甲烷。此外，还有少量的氨气和硫化氢等。日粮组成、饲喂时间及饲料加工调制等均会影响气体的产生和组成。

通常瘤胃内游离的气体，处在背囊食糜的顶部，当瘤胃气体增多时，胃内压力升高，兴奋了瘤胃责门区的牵张感受器及嗳气中枢，瘤胃由后向前收缩，压迫气体移向瘤胃前庭，部分气体由食管进入口腔排出，这一过程称为嗳气。在反刍过程中常伴随着嗳气。所以一旦牛停止反刍，则会导致瘤胃膨胀。当牛采食大量幼嫩或带有露水的豆科牧草和富含淀粉的根茎类饲料时，瘤胃发酵作用急剧上升，所产气体来不及排出时，就会出现瘤胃膨胀。

三、瘤网胃微生物及其营养作用

牛所采食的饲料中有 75%~80% 的干物质，50% 以上的粗纤维是靠瘤胃微生物发酵分解的。瘤胃内寄居的微生物主要有细菌、原虫和真菌三大类。饲料碳水化合物以及含氮物质的降解主要由细菌和原虫来完成，而在纤维性碳水化合物降解过程中，瘤胃厌氧真菌可能起重要作用。

（一）微生物种类

1. 细菌

瘤网胃寄居的细菌不仅数量大，而且种类多，超过 300 种。根据所利用底物或产生代谢产物的类型可分为纤维素分解菌、半纤维素分解菌、果胶分解菌、淀粉分解菌、糖利用菌、酸利用菌、蛋白质分解菌、氨产生菌、甲烷产生菌、脂类分解菌和维生素合成菌等。

其中，纤维素分解菌数量最大，大约占瘤网胃内活菌的 1/4。

2. 纤毛虫

瘤胃的纤毛虫分全毛和贫毛两类，均属严格厌氧类。全毛虫主要分解淀粉等糖类产生的乳酸和少量挥发性脂肪酸，并合成支链淀粉储存于其体内；贫毛虫有的也是以分解淀粉为主，有的能发酵果胶、半纤维素和纤维素。纤毛虫还具有水解脂类、氢化不饱和脂肪酸、降解蛋白质及吞噬细菌的能力。

瘤胃内纤毛虫的数量和种类明显受饲料的影响。当饲喂富含淀粉的日粮时，全毛虫和其他利用淀粉的纤毛虫如内毛虫属较多；而当饲喂富含纤维素的日粮时，则双毛虫明显增加；瘤胃 pH 也是一个重要影响因素，当 pH 降至 5.5 或更低时，纤毛虫的活力降低，数量减少或完全消失。此外，日粮饲喂次数增加，则纤毛虫数量亦多。

3. 厌氧真菌

厌氧真菌约占瘤胃微生物总量的8%。瘤胃真菌含有纤维素酶、木聚糖酶、糖苷酶、半乳糖醛酸酶和蛋白酶等，对纤维素有强大的分解能力。喂含硫量丰富的饲草时，真菌的数量增加，消化率提高。

（二）瘤胃微生物的营养作用

瘤胃微生物将植物性饲料分解成挥发性脂肪酸作为牛的能量来源，而在发酵过程合成的微生物蛋白则进入肠道消化吸收，作为牛的蛋白质来源。牛可以利用较低质的纤维性饲料维持生命活动。此外，瘤胃微生物还能合成维生素B族和维生素K，以及氢化不饱和脂肪酸等。

四、肉牛的生长规律

肉用牛的产品主要是肉及副产品，因此需要了解其生长规律，充分利用生长特点，以生产数量多品质好的产品。

（一）生长发育阶段的体重增长规律

一般采用初生重、断奶体重、周岁体重、平均日增重等指标。

增重受遗传和饲养两方面的影响，增重受遗传力的影响很强，据估计断奶后增重速度的遗传力约50%~60%，是选种的重要指标；其次是营养，平衡的营养可发挥最大的生产潜力。在满足营养需要的前提条件下，牛的体重按如下典型特点增长：在充分饲养条件下，12月龄以前的体重增长很快，以后明显变慢。因此，在生产实践中应注意：

在牛强烈生长期（12月龄前）应充分饲养，以发挥增重效益。

在12月龄以前屠宰是利用牛一生中最大的增重效益，即在体重达到体成熟即行屠宰。牛胎儿各部分的生长规律是：维持生命的重要器官如头、内脏、四肢等发育较早，增长较快，脂肪、肌肉等组织发育较晚。因此，初生牛做肉用是很不经济的。

（二）补偿生长规律

补偿生长的概念：

动物在生长的某个阶段由于饲料不足而使生长速度下降，但在恢复高营养水平时，其生长速度比正常饲养时还要快，经过一个时期饲养后仍能恢复到正常体重的这种特性，称补偿生长。

补偿生长的特点：

1. 饲养不足并不是在任何情况下都可以补偿，生命早期（0~3月龄）若严重受阻则在4~9月龄难以补偿。

2. 贫乏饲养的时间越长越难补偿。

3. 补偿生长期间必须增加饲料进食量。

4. 补偿生长能力与补偿期间进食饲料的质和量有关。

5. 补偿生长虽然能在最近达到要求的体重，但畜体组织会受到一定的影响，即影响肉品质。

五、饲养技术

（1）准备好充足的饲草料。一般按成年牛肥育的 80 天计，每头牛准备麦秸 400 多千克，配合精料 200 多千克，有条件的地方可储备青干草与青贮饲料。

（2）做好饲草料的加工调制。麦秸喂前最好铡短碱化或氨化，玉米秆应先青贮后饲喂，青干草晾干后及时保存在草棚内或堆垛，防止雨淋暴晒。各类饲草料喂前除去尘土、铁丝、碎石等。

（3）注意饲喂及饮水。一天喂 2 次为好，早晚各一次，使牛有充分的反刍和休息时间。饲喂顺序一般是先粗后精，先干后湿，少喂勤添。草拌料时，冬季拌干，夏季拌湿，不喂霉烂变质的饲料，每天饮水 2~3 次，夏天饮水 3~4 次。

（4）棚圈要向阳、干燥、通风。

（5）保持圈舍、用具清洁卫生。

（6）限制运动量。在真正育肥的时期，前 20 天应多饮水，勤给草，少添料，以适应催肥。随着育肥日期的增加，粗料由多到少，精料由少逐渐增多。到了育肥中期，一般需要 45~50 天，应科学搭配日粮，精料由少到多，每千克体重总共应喂到 1.5~2 千克，尽量满足增重时的营养需要，设法使牛多吃多休息，以利长膘。到了育肥后期，牛不大喜欢吃草，也不喜欢运动，但日增重最快，应经常刷拭，适当增加精饲料喂量和食盐给量。

六、影响肉牛生产性能的因素

（一）品种和类型

不同品种类型的牛产肉性能差异很大，这是影响肥育效果的重要因素之一。肉用牛比肉乳兼用牛、乳用牛和役用牛能较快地结束生长，因而能早期进行肥育，提前出栏，节约饲料，并能获得较高的屠宰率和体产肉率，肉的质量也较好，容易形成大理石花纹，因而肉味优美，质量高。

（二）体形结构

同一品种或类型中不同的体形结构其产肉性能不同。

（三）年龄

年龄不同，屠宰品质不同，增重速度也不同，生后第一年内器官和组织生长最快，以后速度减慢，而第二年的增重为第一年的70%，第三年为第二年的50%，因此肉牛以1.7~2岁屠宰为最好。

（四）性别

性别对体形状和结构，肉的品质，体肥度都有很大影响。公牛增重速度最快，肉牛次之，母牛最慢。

（五）饲养水平和饲养状况

饲养水平和饲养状况是提高产肉量和肉品质的最主要因素，正确地进行饲养，组织安排放牧肥育和舍饲肥育是肉牛生产的决定性环节。

（六）环境条件

良好的环境条件和肥沃的土地可以生产丰富优质牧草，同时可减少牛的维持需要，从而提高牛的产肉性能，提高肉品质。

（七）杂交

杂交可以提高生活力和环境适应性，可以促进生长发育、提高产肉性能等。

（八）肥育程度

肥育程度也是影响牛肉产量和质量的主要因素。只有外表肥育程度好的牛，才是体重大、售价高、肉产量高和质量好的牛。

七、肉牛育肥

（一）育肥牛的选择

1. 品种

选择西门塔尔、夏洛莱、安格斯、利木赞、德国黄牛等国外引进品种与本地牛的杂交一代公牛作育肥牛。这类牛性情温顺、耐粗饲、育肥快、抗病力强、屠宰率高、饲料报酬高。淘汰的耕牛也可育肥作肉牛。

我国肉用牛主要指普通牛及其改良牛，其中包括黄牛、牦牛及其它杂种牛。

根据各地生产经验，西门塔尔牛改良我国地方黄牛品种，产奶产肉效果都好；应用安格斯牛改良，能提高早熟性和牛肉品质；安格斯牛是生产优质高档牛肉的首选品种；利木赞牛可使杂交牛肉的大理石花纹明显改善；夏洛莱牛的杂交后代生长速度快，肉质好。

2. 年龄、体重

年龄在1~3岁，体重以150~200千克的架子牛为宜。

3. 健壮、无疾病

选牛时，除了看其外貌是否具有良种肉牛的特性外，还要用手摸摸脊背，若其皮肤松软有弹性，像橡皮筋；或将手插入后裆，一抓一大把，皮多松软，这样的牛上膘快、增肉多。

（二）放牧育肥技术

1. 牧前准备

首先对放牧地进行规划并有计划地合理利用，进行划区轮牧。

2. 牧群组织

对参与肥育的牛进行编号组群。

3. 放牧技术

每个放牧小区最多放牧 5~6 天，然后换场，每天放牧时间可延长到 12 小时。冬春枯草期，放牧后必须进行补饲。补饲以干草为主，适当补加混合精料。夏季如果草场质量差，放牧期也要补饲，主要以青割牧草或干草为主，每天每头给食盐 40~50 克，自由舔食或溶于饮水中供给，以盐砖最好。

在高寒草原或山区草场，放牧受季节影响大，因此，放牧肥育于牧区繁育、农区育肥相结合应用较好。地势较低而平坦的草场，可根据季节、草质、水源情况调整好牛群结构，把当年易出栏的牛，抓紧放牧催肥出栏，使冷季留场的牛得到足够的牧草，以保证繁育质量和时间。

（三）育肥目标及方案

1. 育肥目标

架子牛开始育肥平均体重 300 千克，育肥期 12 个月。其中：前期（6 个月）日增重 0.91 千克，期末重达 450 千克以上，淘汰前期增重低或无继续肥育价值的牛；后期（6 个月）日增重 0.7~0.8 千克，期末重达 580 千克以上，屠宰率 63% 以上，牛肉大理石状标准（我国 6 级标准）达 1~2 级，体等级达 1~2 级。

2. 育肥方案

除按饲养标准配合饲粮外，育肥前期（13~18 月龄）应喂给较多的粗饲料，使牛只肌肉和体脂均匀增长，但不宜过肥而限制后期获得 500~600 千克的屠宰体重。前期过肥还会引起代谢病。如果在 12 月龄前采取限制饲养，肥育前期也是牛只补偿生长最快的时期，并为后期肥育或生产高档牛肉打好基础。

育肥后期（19 月龄至屠宰）是脂肪向肌肉内均匀沉积、提高肉品质的阶段。要饲喂高能量精料，饲粮组成中还要有一定量大麦（前期、后期分别加入 20%、60% 大麦，对改善肉品质效果最佳），使沉积的脂肪硬度好、呈白色。在育肥后期不要喂青贮料及青草，避免脂肪变蓝影响肉品等级。

八、肉牛分阶段育肥饲养技术

（一）育肥前的准备

1. 牛体消毒

用 0.3% 的过氧乙酸或消毒液逐头进行 1 次喷体消毒。

2. 驱除体外寄生虫

按每千克体重用 20 毫克丙硫苯咪唑配合伊（阿）维菌素饲喂。

3. 疫苗注射

肉牛必须做好牛 W 病疫苗的注射工作，并做好免疫标识的佩带。有条件的还可以进行牛巴氏杆菌疫苗的注射。

（二）适应期的饲养

从外地引来的架子牛，由于各种条件的改变，要经过 1 个月的适应期。首先让牛安静休息几天，然后饮 1% 的食盐水，喂一些青干草及青鲜饲料。对大便干燥、小便赤黄的牛，用牛黄清火丸调理肠胃。15 天左右进行体内驱虫和疫苗注射，并开始采用秸秆氨化饲料（干草）+ 青饲料 + 混合精料的育肥方式，可取得较好的效果，日粮精料量 0.3~0.5 千克 / 头，10~15 天内，增加到 2 千克 / 头。精料配方：玉米 70%、饼粕类 20.5%、麦麸 5%、贝壳粉（或石粉）3%、食盐 1.5%，若有专门添加剂更好。注意，棉籽饼和菜籽饼须经脱毒处理后才能使用。

（三）过渡育肥期的饲养

经过 1 个月的适应，开始向强化催肥期过渡。这一阶段是牛生长发育最旺盛时期，一般为 2 个月。每日喂上述配方精料，开始为 2 千克 / 天，逐渐增加到 3.5 千克 / 天，直到体重达到 350 千克，这时每日喂精料 2.5~4.5 千克。也可每月称重 1 次，按体重 1%~1.5% 逐渐增加精料。粗、精饲料比例开始可为 3 : 1，中期 2 : 1，后期 1 : 1。每天 6 时和 17 时分 2 次饲喂。投喂时要分次勤添，先喂一半粗饲料，再喂精料，或将精料拌入粗料中投喂。并注意随时拣出饲料中的钉子、塑料等杂物。喂完料后 1 小时，把清洁水放入饲槽中自由饮用。

（四）强化催肥期饲养

经过过渡生长期，牛的骨架基本定型，到了最后强化催肥阶段。日粮以精料为主，按体重的 1.5%~2% 喂料，粗、精比 1 : 2~1 : 3，体重达到 500 千克左右适时出栏，另外，喂干草 2.5~8 千克 / 天。精料配方：玉米 71.5%、饼粕类 11%、尿素 13%、骨粉 1%、石粉 1.7%、食盐 1%、碳酸氢钠 0.5%、添加剂 0.3%。

饼粕饲料的成本很高，可利用尿素替代部分蛋白质饲料。

总之，只有把好肉牛品种筛选关，养殖场选择关，熟练掌握并应用肉牛高效繁殖技术、饲养管理技术、饲草料加工技术、饲料添加剂加工及使用技术、牧草栽培技术、育肥技术、疾病防治等有关方面的关键技术，才能真正做到健康养殖，使肉产品品质高、使用安全，确保与环境友好，消费者身体健康。

第三节 奶牛饲养管理技术

一、犊牛的饲养管理

（一）新生犊牛的护理

1. 清除黏膜

犊牛出生后，应用干净稻草或麻袋擦干小牛，并立即用干净的抹布或毛巾将口鼻部黏液擦净，以利呼吸。如犊牛生后不能马上呼吸，可握住犊牛的后肢将犊牛吊挂并拍打胸部，使犊牛吐出黏液。如发生窒息，应及时进行人工呼吸，同时可配合使用刺激呼吸中枢的药物。犊牛被毛要用干草擦干，以免牛受凉，然后将犊牛送入单独饲养栏内，严禁直接在地面上拖拉犊牛。

2. 肚脐消毒

犊牛呼吸正常后，应立即查看肚脐部位是否出血，出血时可用干净棉花止住。将残留的几厘米脐带内的血液挤干后用高浓度碘酒（7%）或其他消毒剂涂抹脐带。出生两天后应检查小牛是否有感染，感染时小牛表现沉郁，脐带区红肿并有触痛。脐带感染可能很快发展成败血症（即血液受细菌感染），常常引起死亡。

3. 小牛登记

小牛的出生资料必须登记并永久保存。新生的小牛应打上永久标记。标记方法有：在颈上套上刻有数字的环、金属或塑料的耳标，盖印，冷冻烙印，照片。

4. 喂初乳

母牛产后 7 天内所产的奶叫初乳。

（1）初乳的特性。初乳营养丰富，尤其是蛋白质、矿物质和维生素 A 的含量比常乳高。初生牛犊没有免疫力，只有从初乳中得到免疫球蛋白，初乳中免疫球蛋白以未经消化状态透过肠壁被吸收入血后才具有免疫作用。但初生牛犊胃肠道对免疫球蛋白的通透性在出生后很快开始下降，出生后 24 小时，抗体吸收几乎停止。在此期间若不能吃到足够的初乳，对犊牛的健康就会造成严重威胁。因此，犊牛生后应在 1 小时内哺喂初乳。

（2）饲喂方法，人工哺乳包括用桶喂和带乳头的哺乳壶饲喂两种。用桶喂时应将桶固定好，防止撞翻，通常采用一只手持桶，另一只手中指及食指浸入乳中使犊牛吸吮。当犊牛吸吮指头时，慢慢将桶提高使犊牛口紧贴牛乳而吮饮，习惯后则可将指头从口拔出，并放于犊牛鼻镜上，如此反复几次，犊牛便会自行哺饮初乳。用奶壶喂时要求奶嘴光滑牢固，以防犊牛将其拉下或撕破。在奶嘴顶部用剪子剪一个“十”字，这样会使犊牛用力吮吸，避免强灌。

喂量视犊牛个体大小、强弱每次喂 1~2.5 千克，每天 3 次。其后的 7 天内（初乳期），每天可按体重的 1/8~1/10 计算初乳的喂量，每日 3~4 次。每次即挤即喂，保证奶温，初乳期喂其亲生母牛的奶。初乳哺喂时的温度应保持在 35℃ ~38℃，以防由饲喂温度过低引起的犊牛胃肠机能失常、下痢等。相反，乳温过高，初乳会出现凝固变质，或因过度刺激而发生口炎、胃肠炎，或犊牛拒食初乳。初乳加温应采用隔水加温（或称水浴加温）。犊牛每次哺乳之后 1~2 天，应饮温开水（35℃ ~38℃）一次。

为了防止犊牛出生后泻痢，可补喂抗生素，每天可将供给时间从出生后的第 3 天，直至出生后 30 天为止。250 毫克金霉素溶于乳中供给。

（二）犊牛的消化特点

刚出生小牛的瘤胃很小，无消化功能，而皱胃却发育良好，皱胃甚至大于瘤胃。随着犊牛的发育成长，这种比例逐渐发生变化，到成年时，瘤胃发育长大，可达到皱胃的 10 倍，而且具有很强的消化功能。一般来说，犊牛在 2.5~3 月龄时，瘤胃已初步具备了消化功能。犊牛时期瘤胃发育的快慢与犊牛的饲喂方式有直接关系。当给犊牛饮奶时，牛奶不是直接进入瘤胃，而是通过瘤胃中的食管沟直接进入真胃。若食管沟敞开时，咽下的食物就直接进入瘤胃。进入瘤胃的牛奶消化率是很低的，而进入其他的固态饲料则根本不能消化。因此，初生牛犊，不能马上吃固态饲料，即便质量再好，也不可饲喂。

（三）犊牛常乳期的饲养管理要点

（1）犊牛出生 5 天后从哺乳初乳转入常乳阶段，牛也从隔栏放入小圈内群饲，每群约 10~15 只。

（2）哺乳牛的常乳期大约 60~90 天（包括初乳段），哺乳量一般在 300~500 千克，日喂奶 2~3 次，奶量的 2/3 在前 30 天或前 50 天内喂完。而实施早期断奶的犊牛喂奶量在 90~150 千克，喂奶天数 30~50 天。

（3）要尽早补饲精粗饲料，犊牛出生后 1 周左右即可训练采食代乳料，

开始每天喂奶后，人工向牛嘴及四周填抹极少量，引导开食，2 周左右开始向草栏内投放优质干草供其自由采食。日采食量在 30 日龄时最高可达 1 千克（高奶量牛也必须达到 500 克以上）。1 个月以后可供给少量块根与青贮饲料。

（4）要供给犊牛充足的饮水，奶中的水不能满足犊牛生理代谢的需要，尤其是早期断奶的犊牛，需要采食干物质量的 6~7 倍水。除了在喂奶后加必要的饮用水外，还应设水槽供水，早期（1~2 月龄）要供温水并且水质也要经过测定。

（5）犊牛期应有卫生良好的环境，从犊牛出生起就要有严格的消毒制度和良好的环境。例如哺乳用具应该每用 1 次就清洗、消毒 1 次。每头牛有一个固定奶嘴和毛巾，每次喂完奶后擦净嘴周围的残留奶等。

犊牛围栏和牛床应定期清洗、消毒，保持干燥。垫料要勤换，隔离间及犊牛舍的通风要好，忌贼风，舍内要干燥忌潮湿，阳光充足（牛舍的采光面积要合理），要注意保温，夏季要有降温设施。牛体要经常刷拭（严防冬春季节体虱、挤癣传播），保持一定时间的日光浴。

（6）犊牛期要有一定的运动量，从 10~15 日龄起应该有一定面积的活动场地，尤其在 3 个月转入大群饲养后，应有意识地引导犊牛活动，或强行驱赶，如果能放牧更好。

（7）日常饲养中自始至终坚持犊牛每天最多采食精料不超过 2 千克，其他靠吃品质中等以上的粗饲料（以干草为主体）来满足营养需要。

（四）犊牛的断奶

1. 常规断奶

过多的哺乳量和过长的哺乳期，犊牛增重虽然较快，但对犊牛的内脏器官，尤其是对犊牛的消化器官发育不利，而且会增加饲养成本。高喂奶量饲养出的奶牛体形圆肥体胖，但腹围小，采食量少，奶牛产后往往不能高产。所以目前生产中，一般全期哺乳量控制在 250~350 千克，喂乳期 45~60 天。

2. 早期断奶

早期断奶犊牛的喂乳期一般为 30~45 天。对犊牛进行早期断奶培育，是一项投入少、效益高的优选途径。实践证明，人为缩短犊牛喂乳期，既保证其营养需要，又不影响其生长发育，并能使其在以后生产性能的发挥中带来更理想的效果。

每年上半年出生的犊牛可采用 30 天的喂乳期。下半年出生的犊牛由于受到高温和低温两种环境的不利影响，喂乳期可延长到 50 天。在生产实践中，犊牛的断奶时间可根据犊牛的日增重和进食量来确定，当犊牛日增重达到 500~600 克、犊牛料进食量高于 500 克时即可断奶。

（五）早期断奶犊牛的饲养管理

实行早期断奶，可强制犊牛早期采食固态饲料（精料、饲草、青贮料等）。这样，可刺激犊牛瘤胃早期发育，锻炼犊牛对饲草饲料的消化能力，提高犊牛的健康水平。早期断奶的犊牛，在断奶后的短时间内，有发育受阻现象，但只要加强饲养，在6月龄后，会很快得到补偿。15月龄时，体重达到370千克，对于成年牛的产奶量无不良影响，相反还有提高产奶量的趋势。

犊牛料配方组成：玉米50%，麸皮12%，豆饼30%，饲用酵母粉5%，石粉1%，食盐1%，磷酸氢钙1%。哺乳期为30~60天龄犊牛料中每千克应添加：维生素A 8000 IU、维生素D 600 IU、维生素E 60 IU、烟酸2.6毫克、泛酸13毫克、维生素B 6.5毫克、维生素B_4 6.5毫克、叶酸0.5毫克、生物素0.1毫克、维生素B_1 0.07毫克、维生素K 3毫克、胆碱2600毫克。60天龄以上犊牛可不添加B族维生素，只加维生素A、维生素D、维生素E即可。

早期断奶应注意的事项：

（1）在哺乳期内应视外界气温变化情况增减非奶常规饲料，调整能量的变化需要。-5℃时增加维持能量18%，-10℃时增加26%。当气温高时也应增加，如30℃时增加11%。

（2）早期断奶犊牛要供应足够的饮水，此期间犊牛饮水量大约是所食干物质量的6~7倍，春、冬季要饮温水，并适当控制饮水量。

（3）日粮供给时要按料水比1∶1与等量干草或4~5倍的青贮料拌匀喂给，最好制成完全混合日粮，直到每头每日采食混合料2千克时不再增加，可以喂到6月龄。

二、育成牛的饲养管理

从断奶到四月龄的犊牛称为育成牛。育成牛阶段饲养管理的好坏直接影响育成母牛的生长发育及其成熟。育成牛的饲养相对比较容易，很少发生疾病，管理人员重点应考虑采用最经济的饲喂方法并获得育成牛理想的发育体重。

（一）断奶至6月龄育成牛的饲养

断奶期由于犊牛在生理上和饲养环境上发生很大变化，必须精心管理，以使其尽快适应以精粗饲料为主的饲养管理方式。3月龄以后的犊牛采食量逐渐增加，应特别注意控制精料饲喂量，每头每日不应超过2千克；尽量多喂优质青粗饲料，以更好地促使其向乳用体型发展。

90~180日龄的饲养方案如下：

91~120日龄，犊牛料2千克， 干草1.4千克或青贮料5千克；

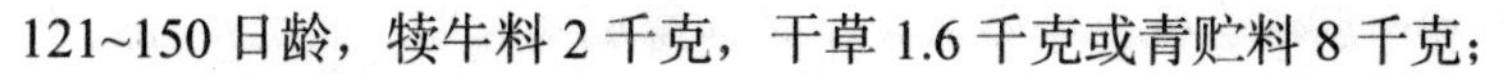

121~150 日龄，犊牛料 2 千克，干草 1.6 千克或青贮料 8 千克；

151~180 日龄，犊牛料 2 千克，干草 2.1 千克或青贮料 10 千克。

（二）7~12 月龄育成牛饲养

7~12 月龄是育成牛发育最快的时期，这个阶段的年轻小母牛每组可有 10~20 头，一组内小母牛体重的最大差别不应超过 70~90 千克。应当仔细记录采食量及生长率，因为这一时期增重过高可能会影响将来的产奶能力，与之相反，增重不足将延误青春期、配种以及第一次产犊。监测年轻小母牛体高、体重及体膘分数有助于评价这一时期的饲喂措施。

此阶段可采用的饲养标准为：

1. 12 月龄体重应达 280~300 千克；

2. 精料：2~2.5 千克；

3. 粗料：青贮料 10~15 千克，干草 2~2.5 千克；

4. 奶牛营养需要：12~13 个奶牛能量单位，干物质 5~7 千克，粗蛋白 600~650 克，钙 30~32 克，磷 20~22 克。需防止饲喂过多的营养使奶牛过肥。

（三）13~17 月龄育成牛饲养

13 个月以上年轻小母牛的瘤胃已具有充分的功能，这一年龄段的年轻奶牛主要根据便于发情鉴定及配种来分组，奶牛体重的最大变化不应超过 130 千克。

此阶段只喂给高质量粗饲料也可满足正常的生长需要。实际上高能量的粗饲料如玉米青贮应限量饲喂，因为这些年轻小母牛可能会因采食过量而引起肥胖。玉米青贮和豆科植物或生长良好的牧草混合饲料可为奶牛提供足够的能量和蛋白质，精饲料应主要作为补充低质粗饲料的日粮配方成分。

此阶段可采用的饲养标准为：

1. 体重应达到 400~420 千克；

2. 精料：3~3.5 千克；

3. 粗料：青贮料 17~20 千克，干草 2.7~3.0 千克；

4. 日粮营养需要：13~15 个奶牛能量单位，干物质 6~7 千克，粗蛋白 640~720 克，钙 35~38 克，磷 24~25 克。

（四）17 月龄 ~ 初产育成牛饲养

必须记录这一时期年轻奶牛的采食情况和生长速率，以便在分娩时获得理想的体高、体重和体膘。母牛分娩前 1~2 个月应调整饲喂计划从而为年轻奶牛分娩及第一次泌乳作准备，喂给这些年轻奶牛的饲料中应逐渐增加精饲料比例以确保平稳过渡并在分娩后尽快促使大量干物质的摄入。分娩时避免不适当的体膘平分（低分或高分）是很重要的。过瘦或肥胖的年轻奶牛更易于发生难产和产后综合征。妊娠后期不是体膘调整时期，而是年轻奶牛早期泌乳应激的准备时期。这一时期的年轻奶牛对畜舍要求不高且饲喂计划比较灵活，也可放牧饲养。

分娩前几天可将头胎母牛与泌乳母牛共同放在挤奶房以使年轻奶牛适应常规挤奶程序，分娩后尽可能将头胎母牛单独放在一组，若与年长奶牛放在一起可能会产生应激反应。

此阶段可采用的饲养标准为：

1. 体重：500~520 千克；

2. 精料：3~3.5 千克；

3. 粗料：青贮料 15~20 千克，干草 2.7~3.0 千克；

4. 日粮营养要求：18~20 个奶牛能量单位，干物质 7~9 千克，粗蛋白 750~850 克，钙 45~47 克，磷 32~34 克。

三、成年奶牛的饲养管理

在正常情况下，奶牛的第 3~4 胎是产奶高峰期，随着胎次的增高，产奶机能逐渐衰退。在每个胎次中，第 2~3 月是产奶高峰期，以后逐步下降。为了便于掌握成年牛产奶时期的饲养技术，一般根据不同阶段的不同要求，把奶牛一个泌乳期分为四个阶段，即围产期、产奶盛期、产奶中期和后期、干乳期。

（一）围产期的饲养管理

围产期指的是奶牛临产前 15 天（围产前期）和产后 15 天（后期）的一段时间。其特点是母牛在 30 天中要经历 3 个不同的生理阶段：干奶一分娩一泌乳。要维护好母牛的健康及胎儿的生长发育，还要照顾到其后的产奶量和卵巢机能的恢复与再繁殖的原则。因此，在饲料供给上要高度注意营养平衡，同时要向精饲料增多、蛋白质含量提高、粗纤维含量适当降低和低钙（后期高）的方向转变。为瘤胃对高能量、高蛋白日粮的消化机能转换打下基础。

1. 前期

前期应注意的事项：

（1）母牛临近分娩，要做好接产准备，要进行产前检查和随时注意观察临产征候的出现。

（2）在供应母牛的日粮中提高营养水平，在原干奶牛的水平上按日增重 0.4~0.5 千克的渐进方法达到每 100 千克体重进食 1~1.5 千克精饲料为止。精、粗饲料比在 30 : 70，钙:磷比为 1 : 1 的水平。临产前 2~3 天日粮中适当增加

麦麸、增加轻泻剂防止便秘。

（3）粗饲料的品质要新鲜、质地要好，可选易消化，抽穗前的禾本科草和花期的豆科干草以及优质青贮料等。并适当补饲维生素 A、D、E 以及微量元素（硫等）。

（4）严禁饲喂发霉变质及冰冻饲料，以及过凉的饮水。

（5）母牛临产前 1 周左右会发生乳房膨胀和水肿以及乳腺炎。若水肿显著则可适当减少糟粕料、多汁料饲喂量，一般情况下只要乳房不过硬仍可照喂。

2. 后期

此阶段应设法尽早增加营养，缩短因能量失衡导致的减重期限和体质的恢复，为泌乳高峰的来临奠定基础。

（1）母牛分娩后体力消耗很大，失去大量水分，前两天不应急于大量挤奶，第一天挤够犊牛 2~3 次的用奶量（每次 2 千克）即可。第二天挤 1/3，第三天挤 1/2，第四天可以完全挤净。在挤奶前应热敷和轻度按摩乳房，以有利于乳房血液的微循环。

（2）产后母牛要有安静的休息环境。补足水分，要供足 37℃麦麸盐水（麦麸 1~2 千克、盐 100~150 克、碳酸钙 50~100 克、温水 15~20 千克），必要时可以补糖和缩宫素等以促进体质恢复和胎衣排出。

（3）应饲喂高品质的干草及一些精混料制成的粥，甚至可以加些增味物质，逐渐促进其食欲。

（4）为防止产褥疾病的发生，应加强外阴部的消毒和保持四周环境的清洁，地面应干燥，要勤换垫料。

（5）加强监护，注意胎衣是否排出及其完整程度，以便及时处置和治疗。

（6）夏季产房要注意通风和降温（避免用强吹风和长时间喷淋冷水）。注意消灭和减少蚊、蝇、虻等昆虫的骚扰。冬季注意保温换气，防止贼风侵袭。

（7）正常情况下，奶牛在分娩后 7~15 天内乳量增长很快，消化机能基本恢复，食欲进入旺盛状态，营养开始明显处于负平衡。要像产前一样继续逐日增加精料量，在补充能量的同时要满足蛋白质的需要。后期开始即应达到泌乳所需要的营养标准。

（二）产奶盛期的饲养

产奶盛期一般指产后 16~120 天，最大的特点是产奶量上升很快，至 100 天左右，产奶量可达到最高峰。品种比较好的牛，产奶高峰可以持续 1 个月以上，以后则呈逐步下降的趋势。这个阶段，奶牛代谢旺盛，呼吸、脉搏都高于正常范围。但是此时奶牛的食欲并未处于最佳时期，奶牛食入的营养往往不能满足产奶需要。因此，奶牛就会动用自身体内的脂肪，这就是常说的奶牛营养负平衡。尤其是高产奶牛，这个阶段出现营养负平衡几乎是不可避免的。动用体脂太多、太集中，就会增加肝脏的负担，把体脂肪转变为牛奶时，会释放出一种“酮”的物质，就会引起奶牛的酮病。因此，这个阶段在饲喂上，应注意采取以下几项措施：

1. 奶牛饲料日粮的精粗比（按干物质计算）可达到 60：40，奶料比可达 2.5：1。在喂料方法上可采取“引导饲养法”，即料领着走。

假如产前奶牛每天喂 7 千克料，产后每天按 0.45 千克增加，直到产奶量不再提高为止，精粗比最大极限不要超过 65：35，否则易引发不良后果。

2. 既要满足奶牛营养需要，保证奶牛高产，又要防止饲料日粮中精料比例太高，以保证奶牛的体质健康。可采取以下措施：

（1）提高粗饲料质量。此阶段最不可缺少的就是优质干草，不要喂含水量较大的糟渣饲料和多汁饲料。如将苜蓿切短，与精料拌在一起喂牛会收到很好的效果。

（2）提高精饲料浓度。这个阶段的奶牛精饲料配方中可增加一些鱼粉、膨化大豆、全棉籽等，这样增加了精料的营养浓度，用相对较少的精料也能达到奶牛的营养需要。另外，还需注意精料粉碎尽量粗一些，玉米粒能够破碎即可。

（3）为了保证瘤胃内酸度不要太高，添加小苏打比平时适当多一些。为保证营养全面，要添加有利于消化的氧化镁、维生素和微量元素。

中、低产奶牛在此阶段，其饲喂原则也是一样。只要稍加注意，一般不会出现问题。

（三）泌乳中、后期的饲养

泌乳中期为产后 120~200 天，泌乳后期为产后 201 天至干奶前。

1. 泌乳中、后期的特点

（1）新陈代谢旺盛，采食量大，饲料转化率高，对饲料及环境因素刺激反应快。

（2）产奶量下降：每月产奶量下降 7%；母牛怀孕，营养需要下降。

可采用的饲养标准为：产奶 20 千克时，6.7~7.5 千克精料；产奶 30 千克时，7~8 千克精料；产奶 15 千克时，6~7 千克精料。

多汁饲料：糟渣类饲料适口性好，能增进采食量，喂量小于 12 千克；块根类饲料 3~5 千克。

优质粗饲料：青贮料 15~20 千克 / 头 · 天；干草自由采食，不少于 4 千克。

2. 泌乳牛饲养中应注意的问题

（1）饲养奶牛必须有严格的饲养技术。保证不同的饲养阶段配合不同的

饲料类型，饲喂优质精、粗饲料，增加饲喂次数。夏季饲养注意防暑降温；提供优质精粗饲料；高产奶牛则要加强早班和夜班饲喂，多加精料，中班少给，运动场内设草架、食盐槽，任其自由采饲。冬季饲养注意保温设备；温水拌料，饮水加温。

一般是精料增加，产量增加；但精料不断增加，产奶增加幅度下降；精料喂量应根据母牛产奶量、乳脂率、体重变化和泌乳阶段的变化决定，精料喂量避免浪费。粗料过多，能量、蛋白水平不够而产奶量下降；粗饲料不够，粗纤维缺乏，瘤胃兴奋性降低，瘤胃消化功能受影响，易发生消化代谢性疾病。

（2）注意青贮喂量。青贮料是奶牛的基本饲料，长年饲喂青贮料是奶牛高产、稳产的要素之一，但应控制喂量，防止喂量过大而影响其他营养物质的采食量，一般采食量是体重的 3%~3.5%。

（四）干奶牛的饲养管理

干奶期是指牛临产前停止泌乳的时期。干奶期时间的长短可根据牛的体况、产奶量高低而定。一般为 60 天左右，高产牛、一胎牛、体质差的牛可适当长些，体质较好的低产牛也可稍短些。前 45 天为干奶前期，后 15 天为干奶后期。

奶牛干奶最好采用快速干奶法，一般要求在 4~5 天使泌乳完全停止。日产奶 13 千克以下的奶牛停奶容易，停喂精料并立即停止挤奶即可，4~5 天后彻底挤最后一次奶就可以了。高产奶牛停奶时，应采取停喂精料，限制饮水等方法使产奶量减少，当产奶量下降后，立即停奶。最后一次挤奶后，用 4% 次氯酸钠或 0.3% 洗必泰溶液浸泡乳头。

干奶牛日粮营养需要：干奶期是奶牛自行恢复消化道功能、确保怀孕正常进行的时期，精料喂量应控制在 3~4 千克；多汁饲料和糟渣类饲料喂量小于 5 千克；优质粗饲料：青贮料 10~15 千克，干草 3~5 千克，以维持瘤胃正常消化功能。干奶后期日粮可提高蛋白质水平，采用低钙饲养法（钙 50 克、磷 30 克），预防产后酮病和乳热症的发生。矿物质供应：磷酸二氢钙是补磷、钙的主要物质。

干奶牛饲养中应注意的问题：严格控制精料喂量，防止干奶期营养水平过高而肥胖。

产前 2 周，对年老体弱及易发病的奶牛应用糖钙疗法，肌肉注射维生素 D_3、孕酮等，以预防乳热症、胎衣不下和酮病发生。

第四节 猪的饲养管理技术

一、育成猪的饲养管理

（一）育成猪入舍前的准备工作

仔猪入舍前及时进行彻底清理（除掉一切没必要存在的物品）、冲洗、消毒，做好接断奶猪的准备。

（二）仔猪转入育成舍后的工作

1. 合理组群：从仔猪转入开始根据其品种、公母、体质等进行合理组群，并注意观察，以减少仔猪争斗现象的发生，对于个别病弱猪要进行单独饲养，特殊护理。

2. 卫生定位：从仔猪转入之日起就应加强卫生定位工作（一般在仔猪转入 1~3 天内完成），使得每一栏都形成采饮区、休息区及排粪区的三区定位，为保持舍内良好环境及猪群管理创造条件。

3. 环境的控制：注意通风与保温，育成舍的室温一般控制在 22℃ ~28℃，湿度控制在 60%~65%。

4. 饲料适度：目的是为了减少因饲料过度而造成的仔猪应激，对于病弱猪可适当延长饲喂乳猪料或饲料过度的时间，而对于转群体重较大、强壮的仔猪则相反。进入育成舍的第一周内，对仔猪要进行控料限制饲喂，只吃到七八成饱，使仔猪有饥有饱，这样既可增强消化能力，又能保持旺盛的食欲。对育成仔猪要求提供优质的全价饲料。

5. 合理饲喂：根据猪群的实际情况，在饲料中酌情添加促生长剂或抗菌药物，进行药物预防工作。

6. 疫苗接种：根据免疫程序及时准确地做好各项免疫工作。

二、种公猪的饲养管理

（一）种公猪的选留

1. 体形外貌具有该品种应有的特征；

2. 本身及其祖先、同胞无遗传缺陷；

3. 母亲产仔多，泌乳力强，母性好，护仔性强；

4. 生长发育良好，健康无病。要求头颈粗壮，胸部开阔、宽深，体格健壮、四肢有力，具有雄性捍威；

5. 睾丸发育正常良好，两侧睾丸大小一致、左右对称，无阴囊疝，性欲

旺盛，精液量多质好，有良好的配种能力。

（二）饲养

采用一贯加强法，日喂 2 次，精料日喂量 2.3~2.5 千克（日粮配方应满足需要），每天不要喂得过饱，以八九成饱为度。湿拌生喂，适当增加青饲料，使之保持种用体况。

（三）管理

1. 单圈饲养，经常保持清洁干燥，光线充足，环境安静；

2. 圈舍内温度不能高于 30℃；

3. 每周消毒 1 次；

4. 每天用铁制猪刮定时梳刮 2 次（在每次驱赶运动前进行），保持猪体清洁；

5. 每天上下午各驱赶运动一次，每次约 1 小时，行程约 2 千米。其方法为“先慢，后快，再慢”。

（四）分阶段饲养管理

1. 适应生长阶段

要点：选种后至 130 千克体重为适应生长阶段。用高质量的饲料限制饲喂，8 月龄体重达 130 千克。饲喂在通风良好、邻近成年公猪和母猪的圈舍。

（1）饲养：每天限制饲喂 2~3 千克的育成料、后备母猪料或哺乳料，日增重为 600 克，8~10 周后，即 8 月龄时体重达 130 千克。

（2）圈舍：圈养（不用限位栏）、通风良好、温暖干燥，邻近母猪栏，以确保其正常的性发育。

2. 调教阶段

要点：体重 130~145 千克为调教阶段。用高质量饲料限制饲喂，9 月龄体重达 145 千克。在 1 个月的调教阶段，使用发情明显的后备母猪或青年母猪来调教，用另一头公猪来重复配种。

（1）饲养：每天限制饲喂 2.5~3.5 千克优质饲料，日增重 600 克，9 月龄体重达 145 千克。

（2）每周最多配种次数：1~2 次，每周利用发情明显、静立反射强烈的后备母猪或青年母猪来试配 1~2 次。

（3）圈舍：受训公猪应圈养（不用限位栏），使其有机会观察成年公猪配种。

3. 早期配种阶段

要点：9~12 月龄为早期配种阶段。继续控制公猪的生长和体重。配种次数：2~4 次 / 周，利用发情明显的年青母猪。记录配种情况。

评估繁殖配种性能，为淘汰与否提供依据。

饲养管理

（1）饲养：根据体况，每天限制饲喂2.5~3.5千克的妊娠母猪料，以控制公猪的体重和背原厚。

（2）每周最多配种次数：3~4次/周。

（3）圈舍：单独圈养（不用限位栏）在配种区域，配种栏应有足够的面积和干燥的地面。

（4）成熟阶段

要点：12月龄到36月龄为成熟阶段。继续控制生长和体重，每周均衡配种6次，作好配种记录。

（五）配种

选在饲喂前后2小时进行，配种的种公猪不要追赶或冷水冲洗，以免影响配种能力。

三、种母猪的饲养管理

（一）后备母猪的饲养管理

1. 后备母猪的选留

（1）体形外貌具有该品种应有的特征，生长发育良好，健康无病；

（2）本身及其祖先、同胞无遗传缺陷；

（3）母亲产仔多，泌乳力强，母性好，护仔性强；

（4）乳腺发达，乳头不少于6对（纯种），发育正常，排列整齐，分布均匀，粗细长短适中，无瞎乳头、内陷乳头、翻转乳头与副乳头；

（5）外生殖器发育正常，大小适中，位置端正，桃状下垂。

2. 后备母猪的饲养管理

（1）分群：根据圈舍大小、猪日龄、体况强弱进行合理分群。体况一致和日龄大小相近的猪关在一起，同时保证密度适宜。

（2）清洁卫生：保持圈内无粪便、干燥。

（3）消毒：每周用消毒药对猪舍彻底消毒一次，包括地面、墙壁。消毒时按每3平方米用1升消毒药。

（4）光照：尽可能用日光；光照时间为16小时/天，不足部分可通过人工光照获得。

（5）控制体重与日喂量：定期称重，与标准体重比较，以适当调整日粮营养水平及日喂量，确保猪只发育正常。

（6）适当运动，增强体质。

（7）有利于刺激母猪发情的饲养管理。如混群、与公猪接触等。

（8）条件许可下每天饲喂青饲料。

（9）定期驱虫：全部饲喂全价料，每季度驱虫一次；如果饲喂青饲料，每1至2月驱虫一次。

（10）按时接种疫苗。

（11）作好母猪发情记录等。

3. 后备母猪的初配适龄

年龄必须7~8月龄以上、体重100~120千克、至少两个情期才能进行第一次配种。

（二）发情母猪的配种

1. 发情症状

发情猪烦躁不安、咬栏、哼噜、尖叫、食欲减少、外阴充血肿胀而发红，阴道有黏液流出；爬跨其他母猪或接受其他母猪爬跨。公猪在场时，静立反射明显，爬跨其他母猪或被爬跨时站立不动，发出特有的呼噜声，愿接近饲养员，能接受交配；平均持续时间：后备母猪1~2天，经产母猪2~3天。

2. 最佳配种时间及其方法

（1）母猪最适宜的配种时间是在发情开始第二天（经产母猪）或第三天（后备母猪）。

（2）要求每天上午8时、下午2时分别观察发情症状，当母猪外阴红肿稍退并出现少量皱纹，用手压背母猪站立不动时，进行第一次配种，8~12小时后进行第二次配种（后备母猪还要再过8~12小时进行第三次配种）。

3. 查返情

（1）查返情时最好用公猪，公猪在母猪栏前走，并与母猪鼻对鼻的接触。群养时可把公猪赶到母猪栏内。

（2）查返情时，饲养员要注意查看正常的返情症状，即压背、竖耳、鸣叫、阴户肿胀、红肿。栏养时发情的母猪会在其他母猪躺下时独自站着。

（3）可用拇指测阴户温度，翻查阴户是很有用的，对公猪感兴趣的母猪，应赶到靠近公猪栏的地方观察。

（4）返情前，有些母猪会流出像脓一样的、绿色的或黄色的恶露。这说明子宫或阴道有炎症，因此应注射抗生素并给予特殊照顾。

对这类母猪的配种只能采用人工授精。

（5）返情母猪的保留和重配决定必须考虑许多因素。

4. 流产母猪的配种

除产道细菌性感染引起的流产需要治愈后配种外，其他非传染病因素引起的流产均可在流产后第一次发情时配种；如果怀疑公猪精液质量不佳引起的流产应更换其他公猪配种；习惯性流产则应在流产前一定时间给予保胎处理。

5. 配种后管理

（1）配种后最好单独饲养；配种后，母猪应尽可能保持安静和舒适；

（2）配种后的 2~3 天内适当限制母猪采食量；

（3）配种后 7~30 天的母猪不应被赶动或混群。

（三）妊娠母猪的饲养管理

母猪妊娠期平均为 114 天（107~121 天）。饲养管理要点为：

1. 减少猪只之间的争斗，群体大小要合理，不能随意合群或分群。

2. 精心饲养，保持母猪体况。

3. 严禁粗暴对待母猪，如鞭打、追赶、惊吓等。

4. 配后 30 天内和产前 30 天应避免强烈运动或驱赶。

5. 圈舍保持安静、清洁，地面平整防滑。

6. 每周消毒一次。

7. 圈舍温度适宜，最适温度为 20℃左右。

8. 搞好防疫注射和驱虫。有寄生虫病史的猪场，在母猪妊娠一个月后，每月喷洒体外驱虫药 1~2 次；母猪产前 4 周、2 周分别进行体内驱虫。

9. 禁止在母猪妊娠期间注射猪瘟弱毒活疫苗。

10. 禁止使用易引起母猪流产的药物。

11. 妊娠母猪的饲料品质要保证优良，青饲料必须新鲜。严禁饲喂霉烂变质、冰冻和带有毒性的饲料。

12. 避免突然更换饲料。

13. 保证充足的、清洁卫生的饮水。

14. 母猪栏前悬挂配种记录，以便观察及根据妊娠天数调整喂料量。

15. 适时进行妊娠检查。配种后 25 天、42 天时进行妊娠检查。

16. 按免疫程序进行免疫接种。

17. 引起胚胎死亡的主要原因有：营养不良，如严重缺乏蛋白质、维生素（A、E、B）、矿物质（Ca、P、Fe、Se、I），日粮能量过高等；患子宫疾病；患高烧病；饲料中毒或农药中毒；高度近亲繁殖，使生活力低下；配种不适时，过早过晚配种造成，有效的预防方法是重复配种和混合精液输精；高温影响，特别是受配第一周，短期内温度升高在 39℃ ~42℃。

18. 妊娠母猪流产的主要原因有：营养不良、母猪过肥或过瘦、高度近亲

繁殖、突然改变饲料、饲喂霉变有毒饲料、冬春喂冰冻饲料、长期睡在阴冷潮湿圈舍、机械性刺激、患传染病、患高烧病、各种中毒。

管理重点是保胎，主要是防止母猪流产、增加产仔数和初生重，为分娩和泌乳作好生理上的准备。

（四）分娩护理与接产技术

1. 预产期的推算方法

怀孕期为 114 天：配种月加 3，配种日加 20。

2. 母猪转入产房前后的准备工作

（1）产房清洗消毒。母猪转入产房前要对产房进行冲洗消毒，干燥后再转入临产母猪，同时要检修保温设备和产床设施。

（2）妊娠母猪临产前一周用热水清洗猪体，再淋 0.1% 高锰酸钾液消毒体表。初产母猪提前 7 天进入产房，减少分娩应激。

（3）再次根据配种时间计算分娩日期，看分娩日期是否正确。

（4）每天检查临产母猪是否有分娩征兆，如乳汁溢出，最后一对乳头出乳后，打开仔猪加热灯或保温箱。

（5）母猪产仔多在凌晨 2~6 时。

（6）怀孕 110 天起应减料，或者添麸皮水。

3. 母猪临产征兆

衔草做窝、站立不安、外阴红肿、乳房肿胀、频频排尿、流出乳汁等。

4. 分娩护理与接产技术

临产前的准备工作：

（1）药品器材准备：消毒药、润滑剂、抗生素、催产素、铁剂等。

（2）用 0.1% 高锰酸钾水清洗母猪乳房、乳头、阴部。

（3）消毒接产用具。

（4）仔细检查保温箱及灯泡。保温箱内垫好保温材料，保证箱内干燥、温度适宜在 35℃左右。

接产和仔猪处理程序：

（1）用干毛巾擦净仔猪口、鼻和全身黏液；

（2）断脐，长度约为一拳头宽，断端用 4%~5% 碘酒消毒；

（3）仔猪产后置于保温箱并及时吃上初乳；

（4）假死仔猪急救的方法是人工呼吸；

（5）当母猪发生难产时必须进行人工助产；

（6）打耳号、断犬齿、断尾，断齿时最好内服抗生素防感染；

（7）帮助弱仔哺乳、固定乳头；

（8）产仔结束时要及时处理污物和胎衣；

（9）母猪产后常规注射抗生素三天，防止产后感染。

延期分娩的处理：

延期分娩指妊娠时间超出 114 天。在气温较低的季节，延长 1~2 天分娩对胎儿影响不大，但如果在气温较高的季节如 6~8 月份，就可能导致胎儿死亡。

5. 对产仔母猪和仔猪的观察

（1）产后 3 天内每天应观察几次，以后每天也要观察并注意以下症状：坚硬乳房、便秘、不正常的阴道恶露（产后 3~4 天的恶露是正常的）、气喘、缺乏清洁、不舒服、以腹部躺卧、凶狠、高热、饥饿或咬仔猪、仔猪肤色苍白、拉稀、其他感染、机械损伤。

（2）针对以上问题应做出相应处理。

（3）分娩 6~8 小时后应鼓励母猪站起，并饮用充足的饮水，以便迅速恢复体形。并检查母猪是否便秘，饮水不足和便秘会导致乳房炎和阴道炎。

（4）产后 3~4 天要检查母猪的乳房，有发炎和坚硬现象的应按乳房炎治疗。

（5）母猪食欲不振、烦躁不安加上直肠温度在 40℃以上，可能预示有早期的子宫炎、乳房炎和阴道炎。

（五）泌乳母猪的饲养管理

1. 泌乳母猪的饲养

（1）母猪产仔结束后可赶起来饮水，分娩后的投料量以从少量逐渐增加的办法，让母猪每次能吃完所投饲料。分娩后的第一天上、下午各喂 0.5 千克，从第二天开始每天增加 0.25~0.5 千克，到产后的第七天喂量达到 2.5 千克。要注意在母猪每次都吃完投料的情况下才能逐渐增加。从产后的第八天开始每天增加喂量 0.5~1 千克，到产后的第 14 天喂量增加到 6~8 千克，并维持这个喂量到断奶前一周。但由于每头母猪的膘情及其带仔数不同，应区别对待每头母猪的维持喂料量。

（2）母猪断奶前 1 周应逐步减料，每天减少 0.5~1 千克，至断奶时喂料量 2.5~2 千克。母猪断奶的当天不喂料以防止乳房过分膨胀造成乳房炎。

2. 泌乳母猪的管理

保持良好的环境。要求圈舍清洁安静，光照通风条件良好；防寒防暑；保证饮水充足、饲料新鲜；预防产道疾病。仔细观察外阴分泌物的性质和乳房是否有红肿现象，如果存在就应及时治疗；观察母猪的采食、粪便、精神状态，关注母猪的健康。

3. 断奶

现在一般采取仔猪 28 日龄赶母留仔一次性断奶法。母猪断奶后到配种前喂哺乳料，喂量一般在 2~2.5 千克左右，可根据母猪的体况、膘情酌情增减。

四、哺乳仔猪的饲养管理

1. 哺初乳。仔猪出生后，尽快让仔猪吃到初乳。

2. 注意保温防压。适宜的温度是仔猪健康成长最重要的因素之一，第一天保温箱内温度应为 35℃。

3. 补铁：一般在 3 日龄内注射补铁，常用的品种有右旋糖苷铁注射液、铁钴针，150~200 毫克 / 头仔猪。

4. 诱食：7 日龄开始调教仔猪吃料。

5. 采用必要的药物保健措施。

6. 按照免疫程序进行疫苗接种。

7. 仔猪数超过母猪乳头数时，采取寄养或并养。其原则是：两母猪的产仔时间不超过 3 天；被给养的仔猪必须哺到原窝母猪的初乳；被给养的仔猪是原窝中较大的仔猪；被给养的仔猪比寄养到的仔猪窝中的最大仔猪稍大或大小相当。

8. 非种用仔猪的去势。不作种用的小公猪一般在 10~15 日龄去势。

五、仔猪保育期的饲养管理

保育舍的工作重点是断奶仔猪的护理、免疫注射、驱虫、清洁消毒等。

1. 仔猪断奶的当天少喂料。对刚断奶的仔猪要精心护理，避免受凉，注意保温，一般要求室内温度在 26℃。

2. 刚断奶的仔猪采用少量勤添，保持饲料新鲜。

3. 饲料过渡。刚断奶的仔猪继续饲喂转栏前所用的饲料一周，然后用 5~7 天时间逐步变换过渡换料。

4. 在断奶仔猪进入保育舍之前，认真检查保温设备和饮水器。

舍温 26℃时方可进猪。随着仔猪的长大舍温可按每周 1℃ ~2℃的幅度调低，直至 22℃。精心观察仔猪的行为，如果仔猪打堆表明舍内温度过低。

5. 合理分栏：每栏猪只保持一致的日龄和适当的密度，每一个猪舍留一至二个栏位供弱仔单独使用。

6. 疫苗的接种、定期驱虫和必要的药物保健措施。

7. 做好清洁消毒工作。要求每周消毒 1~2 次，常用的消毒药有：碘制剂、氯制剂等。

8. 预防仔猪水肿病感染等。仔猪水肿病的预防在饲喂上要做到少量勤添，每次喂七八成饱，发现仔猪精神不好时要及时治疗。

9. 注重空气质量，特别是冬季保温时要注意保温与空气质量的矛盾。

六、肥育猪的饲养管理

1. 分群：根据圈栏大小、仔猪性别、大小、体况强弱分栏饲养。

2. 调教：使其吃料、饮水、排便、睡觉四点定位。

3. 做好相应记录、疫苗的接种、定期驱虫和必要的药物保健措施。

4. 做好清洁、消毒工作。

5. 做好防寒、防暑工作。

第四章　饲草料加工调制及利用技术

发展畜牧养殖业，饲草料资源是最重要的基础条件。我国农村每年都种植大量的秸秆类农作物和优质牧草，这就为牛羊规模化养殖提供了丰富而优质的能量饲料和粗饲料。利用现代营养学和生物学技术对秸秆进行青贮、氨化、微贮处理后，可以成为牛羊的上等饲料，从而变废为宝，还能节约养殖成本。肉牛对粗纤维的消化率可提高到45%~50%。秸秆经氨化、微贮后，其消化率及采食量可提高20%以上，粗蛋白含量可增加1~2倍。

下面分别介绍几种饲草料的加工制作及利用技术。

第一节　青干草的调制及利用技术

干草的营养成分因收割时期不同而异。收割青干草必须适时，否则其中的蛋白质等营养物质的含量以及干物质的消化率将随之下降，而粗纤维含量则增加，从而影响其利用效率。

一、青干草的调制方法

（一）田间干燥法

这是最常用、最普遍的一种干草调制方法。牧草收割后，薄层平铺在地面上暴晒6~7小时，借阳光和风力蒸发水分，使之自然干燥凋萎至含水量为40%~50%（开始凋萎，叶子还柔软，不易脱落）时，用搂草机搂成松散的草垄，继续干燥3~5小时，含水量降至35%~40%左右（叶子开始脱落以前），用集草器集成小草堆，牧草在草堆中干燥1.5~2天即可制成干草（含水15%~18%左右）。

各种干草安全贮存的最高含水量为：散放干草25%，打捆干草20%~22%，铡碎干草18%~20%，干草块为16%~17%。若高于上述含水量则不能用来贮存，否则会发热霉烂，造成营养损失。

确定青干草水分含量的简易方法如下：

干草水分含量约为15%：将干草握紧成束时，发出沙沙响声和破裂声，搓拧或拧曲时草茎断裂，松开手后草辫立即松开，叶片干而卷曲。

干草水分含量约为17%~18%：将一束干草拧紧时无干裂声，草束散开缓慢，有部分不散开，叶片不全散开，茎不被折断。

干草水分含量约为19%~20%：在握紧干草束时无清脆的响声，且很容易拧成草把，经搓拧草不折断。

晒制干草时，必须注意天气预报，遇小雨应将草拢成小草垛，待天晴时再摊晒；若有较大的雨就得拢成大垛。已成大垛的要理顺顶部，使其成帽状或覆盖防雨材料，以防被雨淋湿。

（二）草架干燥法

田间晒制青干草营养损失较大，可高达40%。据报道，草架干燥法晒制的干草，其养分损失较田间干燥法少5%~10%。在潮湿地区或赶上多雨季节，一般不提倡田间晒制，可采用草架干燥法来晒制干草。草架有独木架、角锥架、棚架、长架等，可用木、竹或金属制成。用草架干燥时，首先搭若干草架，当牧草在田间干燥半天或1天，水分降至45%~50%时，将牧草上架晾晒。堆放牧草时，用草又自下而上逐层堆放，要堆得蓬松些，厚度不超过70~80厘米，最底层的牧草应高出地面20~30厘米，且堆中留有通道，以利于通风，外层要平整保持一定倾斜度，以便排水。在架上干燥约需1~3周，视天气情况而定。

（三）人工干燥法

在自然条件下晒制干草，其干物质损失约占鲜草的1/4~1/5，热能损失约2/5，蛋白质损失1/3左右。而采用人工快速干燥法，则营养物质的损失仅占鲜草总量的5%~10%。人工干燥的形式主要有下列3种。

1. 常温通风干燥法

草库内应设有电动鼓风机，以及一套安置在草库地面上的通风管道，顶棚及地面要求密不透风，为了便于排除湿气，库房内设置大的排气孔。操作时将在田间预干至含水量为35%~40%的半干牧草，疏松地堆放在通风管道上部，厚度视青草含水量而定，一般为3~5米，自鼓风机送出的冷风（或热风）通过总管输入草库内的分支管道，再自下而上通过草堆，即可将青草所含水分带走。通风干燥的干草，比田间晒制的干草，含叶多，颜色绿，胡萝卜素约高3~4倍。采用常温通风干燥法，要求草库内空气相对湿度以不超过70%~80%为宜，如若超过90%，则草堆的表面将变得很湿。

2. 低温烘干法

未经切短的青草置于浅箱或传送带上，送入干燥室（炉），采用加热的空气，将青草水分烘干。干燥温度如为 50℃ ~70℃，约需 7~6 小时，如为 120℃ ~150℃，约经 7~30 分钟完成干燥。浅箱式干燥机每日可生产干草 2000~3000 千克，传送带式干燥机每小时可生产 200~1000 千克干草。

3. 高温快速干燥法

利用高温气流，将切碎成 2~3 厘米长的青草在数分钟甚至数秒钟内使水分含量降至 10%~12%。此种烘干机的进风口温度高达 90℃ ~110℃，出风口温度 70℃ ~80℃，由 3 个同心圆筒组成，碎草随高温热气流吹入转动的圆筒内，易干的叶片由于重量轻很快地沿着外周圆筒而到达出口，较重的茎秆则通过内筒直到外筒，干燥排出。这种干燥法生产的干草，可保存养分 90%~95%。

二、干草的包装

干草的包装形式通常有草捆、干草块和干草颗粒 3 种。草捆约 50 千克，占用空间少，便于装卸和运输。干草颗粒泌乳牛大量采食可导致乳脂率下降，不宜单独饲喂。干草块有利于提高奶牛采食量和饲料转化率，值得推广。

三、干草的品质评定

野干草中凡豆科草所占比例大的为优等，禾本科牧草和其他可食杂草比例大的为中等，含不可食杂草较多的为劣等。干草的叶片保留 75% 以上的为优等；叶片损失在 50% 以上，75% 以下的为中等；而叶片损失达 75% 以上的为劣等。干草颜色以鲜绿色为优，其次为淡色；黄褐色为次等；暗褐色是霉变干草，不可饲喂。若有条件应对干草的干物质、粗蛋白、中性洗涤纤维以及胡萝卜素等营养成分含量进行测定，以准确评定干草的营养价值。

第二节 玉米秸秆青贮及利用技术

青贮就是利用青绿多汁饲料，经切碎、压实后密封在青贮窖中，在厌氧条件下，经乳酸菌大量繁殖，使饲料本身的糖分转化成乳酸，当青贮料中的乳酸积累到一定浓度时，就能抑制有害微生物的活动，将原料中的养分很好地保存下来，制成一种具有特殊芳香气味的饲料。它基本上保持了青绿饲料原有的一些特点，故有“草罐头”之称，世界各国都将青贮饲料作为重要的青绿多汁饲料饲喂牛羊，且可以长期保存。

青贮原料的选择：

禾本科作物：玉米秸、高粱秆、黑麦、大麦、苏丹草等，由于含 2% 以上的可溶性糖和淀粉，青贮制作容易成功。

豆科作物：苜蓿、三叶草、紫云英、草木椰、豌豆、蚕豆等通常在开花期收割，因其蛋白质含量高、糖分少，制作青贮时应与可溶性糖、淀粉糖的饲料混合青贮，如与玉米秸、高粱秆混合青贮。

玉米秸秆青贮是利用青贮技术，以玉米秸秆或带棒玉米秸秆制作粗饲料的过程。

一、原料准备

当玉米果穗达到乳熟期或腊熟期时将全株割下可制作带穗玉米青贮；玉米达到成熟时，收获果穗后玉米秸秆可制作秸秆青贮。以玉米秸秆上保留 1/2 的绿色叶片青贮最佳，若 3/4 的叶片干枯，青贮时每 100 千克需加水 7~10 千克。

二、青贮窖场地与结构

（一）青贮场地的选择

应选择地势高燥，排水良好、土质坚实、地下水位低、距畜舍近、取用方便、远离水源和粪坑的地方修建青贮窖。

地下水位低的地方可采用地下式，地下水位高的地方，可采用地上和半地上式青贮。

窖的建筑结构可根据经济条件和土质选择砖水泥结构，石块水泥结构，混凝土结构，预制板结构或土质结构。

（二）青贮窖的规格

常用的是青贮窖和青贮塔。青贮塔为地上圆形建筑，用砖和混凝土修建；青贮窖有地下式和半地下式。长方形青贮窖一般宽 2~4 米，长 4~6 米，深 2~3 米。圆形青贮窖一般深 3 米，上径 2 米，下径 1.5 米。

三、青贮窖种类及青贮方式

青贮窖的种类较多，有青贮塔、青贮壕（大型养殖场多采用）、水泥池（地下，半地下，长方窖、园窖）等。

青贮方式有窖贮（地上式、地下式、半地上式）、袋贮（专用青贮袋、普通塑料袋）和堆贮（适用于散养小户）。

四、青贮窖容积

根据畜群（数量）和原料情况确定，并根据青贮容积确定青贮窖形状：一般容积大于 10 立方米的选长方形，容积小于 10 立方米的选圆柱形。当然，还要根据场地大小，确定窖形。

五、青贮窖容量

因青贮原料的不同而异，一般收获了籽实的青贮玉米秸秆为 500~600 千克 / 立方米，全株带穗青贮玉米秸秆为 600~800 千克 / 立方米。

六、青贮质量

长方体窖，一般宽度为 1.7~2 米，深度为 1.5~2 米，长度以原料多少而定，但不宜超过 25 米。圆形窖的直径以 2 米为宜，应小于或等于窖的深度；窖壁应垂直光滑，尽量做到不渗水，不透气，四角应做成弧形，窖底应做成锅底形。含水量大的玉米雄株秸秆青贮应在窖底留设边长约 40 厘米的渗水孔，小窖 1~2 个，大窖根据情况确定数量。

七、青贮原则

（一）清选

带有泥土砂石的玉米根和腐烂变质的玉米秸秆应剔出。

（二）切碎

青贮玉米秸秆应先用机械切碎，玉米秸秆质地硬，为了便于踏实，切碎长度不宜超过 2 厘米。

（三）湿度

青贮玉米秸秆的湿度应在 65%~75%，用手握紧切碎的玉米秸秆指缝有液体渗出而不滴下为宜。玉米秸秆湿度不足可在切碎玉米秆中加适量的水，或与多水分青贮混贮，如甜菜叶、甜菜渣等。原料湿度过大，可将玉米秸秆适当晾晒或加入一些粉碎的干料，如麸皮，干草粉等。

（四）添加剂的使用

为了提高青贮玉米秸秆的营养成分或改善适口性，可在原料中掺入添加剂，如尿素、食盐、生物酶及其他制剂。尿素的添加量为玉米秸秆总重量的 0.3%；食盐的添加量为玉米秸秆总重量的 0.1%~0.15%，需均匀撒遍。

八、青贮料的装填

（一）注意事项

将收获籽实后割下的玉米秆及时运到青贮窖旁，收运的时间越短越好，随运随铡，随铡随装窖，切不可在窖外晾晒或堆放过久，这样既可保持原料中较多养分，又能防止水分过多流失，避免发热变质。

（二）装窖前准备

装窖前应在窖底铺 17~20 厘米厚的干麦草。如是土窖青贮，可在土窖窖底及窖壁铺衬一层塑料薄膜。

（三）切割及装窖

将玉米全株切短，长度 2~5 厘米，可用青贮料切碎机切短。大型青贮料切碎机每小时可切 7~6 吨，最高可切 8~12 吨。把铡碎的玉米秸秆逐层及时装入窖内，边切碎、边装，每装 20 厘米厚时可用人力充分踩压踏实或拖拉机碾压等方法将玉米秸秆压实。以后每填一次压紧一遍。应特别注意将窖四周及四角压实。若使用青贮添加剂可同时均匀撒使。当青贮料装到超过窖口 0.5 米以上，用双层塑料薄膜进行密封，最后用实物压实，确保密封性良好。处理后使其呈中间高周边底，圆形窖为馒头状，长方形窖呈梯形形状。密封后应经常检查，发现有裂缝时，及时修补，防止漏气和雨水淋入。若秸秆含水量不足时，可在压实之前洒水。

（四）封窖

小型窖应在一天内装完、封闭。大型窖应在 36 小时内装完、封闭。

青贮窖装满后，可在上面铺一层 20~30 厘米厚的干麦草，也可用塑料将玉米秸秆盖严。在麦秸或塑料薄膜上压一层厚 30~60 厘米的湿土，压实拍光。贮后一周内应经常检查窖顶，如发现下沉后有裂缝，应及时修填拍实。在青贮窖的四周距窖口 50 厘米处挖一个宽、深均为 20 厘米的排水沟。应特别注意防鼠，如发现有破洞，应及时修补。

九、青贮饲料的成熟

（一）青贮窖的维护

随着青贮的成熟及土层压力，窖内青贮料会慢慢下沉，土层上会出现裂缝，出现漏气，如遇雨天，雨水会从缝隙渗入，使青贮料腐败变坏。有时因装窖踩踏不实，时间稍长，青贮窖会出现窖面低于地面，雨天会积水。因此，要随时观察青贮窖，发现裂缝或下沉，要及时覆土，以保证青贮成功。

（二）成熟

装好的青贮料，在乳酸菌的作用下，进行发酵，玉米秸青贮一般需要1~1.5个月时间，即可发酵成熟。

十、青贮饲料的启用

（一）启封

45天左右，青贮料成熟后，便可启封喂畜。一旦启封，即应连续使用直到用完，切记取取停停以防霉变。每次应取足畜群一天用量，青贮料取出后不宜放置过久，以防变质。

取完料后，用塑料布及草帘等物盖严，防止料面暴露，二次发酵，并清理窖周废料。

（二）圆形窖

应从上面启封，一层一层取用。先剥掉覆土，揭去塑料薄膜或去掉盖在上面的麦草，从上到下分层取喂，取面要平整，每次取草厚度不小于5厘米。

（三）长方形窖

应选向阳一头开启，垂直取用。4~6月份应自北端启用，11~3月份应自南端开始启用，用同样的方式剥去覆盖物后，自上而下一直取到底，然后以此为起点向里取一截直到用完。

十一、青贮玉米秸秆品质鉴定

评定青贮饲料的品质，生产中常用直观的方法，即观其色、闻其味和感其质。

（一）颜色

优质的青贮料颜色呈青绿或黄绿色，有光泽，近于原色，具浓郁酒酸香味，质地柔软，疏松稍湿润，pH值为4~4.5。

中等品质的青贮料颜色呈黄褐或暗褐色，稍有酒味，柔软稍干。

劣质品质青贮料呈黑色、黑褐色或墨绿色，干松散或结成粘块，有臭味，pH值大于5，不能使用。

（二）气味

优质青贮料具有芳香酸味，中等品质青贮料香味淡或有刺鼻酸味，劣等青贮料为霉味、刺鼻腐臭味。

（三）质地与结构

优质青贮料柔软，易分离，湿润，紧密，茎叶花保持原状；中等品质青贮料柔软，水分多，茎叶花部分保持原状；劣等青贮料呈黏块，污泥状，无结构。

十二、青贮玉米秸秆利用方法及注意事项

（1）只有上等或中等的青贮玉米秸秆才能饲喂牲畜，霉变等劣质青贮玉米秸秆不能饲喂家畜。

（2）初喂青贮玉米秸秆时，喂量应由少到多，让牛逐步适应，或与精料及其他习惯饲料掺喂。如出现拉稀时可酌减喂量或暂停数日后再喂。

（3）质地不好或冰冻的青贮玉米秸秆不能喂孕畜。

（4）青贮料的喂量应视家畜的种类、年龄、体重、生理状况而定，怀孕母牛应少喂。

一般不应超过日粮总量的1/2，奶牛及肉牛的喂量可达日粮总量3/4。

饲喂奶牛应在挤奶后进行，切记在挤奶房中堆放青贮玉米秸秆，以免影响奶的气味。

十三、青贮饲料制作技术要点

饲料青贮时需事先把窖或塔、用具和人员准备好，以便在尽可能短的时间内完成。其主要步骤为收割和运输、切短、装填和压紧、封盖四步。主要技术要点有：

（一）原料收割时间

确定青贮原料的适宜的收割时间。采用全株玉米进行青贮。收贮时间，选择蜡熟期最佳。此时玉米将近成熟，大部分茎叶是绿色，水分约为65%~75%，含糖量也较高，最适合青贮。

（二）切短、压实，排尽空气

在青贮过程中要切短、压实，尽量减少青贮料中空气的存在，为乳酸菌的生长、繁殖创造无氧条件，使好气的霉菌、腐败菌没有可乘之机。在生产中经常忽视这点，应特别注意。

（三）控制好青贮原料温度

青贮原料温度应控制在25℃ ~35℃左右，为乳酸菌的繁殖创造有利条件。

（四）水分

原料要有一定的含水量，应保持在60%~70%为宜，水分高了要加糠吸水，水分低了要加水。

（五）糖分含量

原料要有一定的含糖量，一般要求原料含糖量不得低于1%~1.5%。

（六）速度要快

青贮时间要短，缩短青贮时间最有效的办法是“快”。一般青贮过程应在3天内完成，这样就要求快收、快运、快切、快装、快踏、快封。

（七）密封要好

防止漏气或雨水渗入，顶部最好用塑料布封好，四周用泥土压实，冬季要防冻保温。

青贮窖不能漏水、漏气。

第三节 甜菜叶青贮及利用技术

甜菜又名蕃菜，原产于欧洲西部和南部沿海，从瑞典移植到西班牙，是甘蔗以外的一种主要制糖原料，其叶子也是一种蔬菜。甜菜叶是核黄素、铁以及维生素A和维生素C的来源。

一、青贮窖

应选择地势高、干燥、排水良好、土质坚实、避风向阳、距畜舍近的地方修建青贮窖。砖水泥结构，石块水泥结构，混凝土结构，预制板结构的永久性窖，土质窖，土质衬塑料薄膜的窖均可青贮甜菜叶，永久性水泥窖青贮效果好，利用年限长，但建窖一次性投入成本高。土窖对土质要求严格，四周要坚实。土窖四周衬塑料薄膜青贮效果好，成本低，易于大面积推广。建青贮甜菜叶永久窖，底部留2~3个直径12厘米左右的渗水孔，不衬塑料。窖的容积根据贮量确定窖的大小，一般每立方米可贮甜菜叶800千克。窖深以2~3米为宜（高出地下水位1米以上），地下水位高的地方，可采用半地上式窖青贮。

二、原料准备

在青贮前1~2天，集中力量尽快收运，摘除干、黄及烂叶，选择青绿干净无污染的甜菜叶，将甜菜叶晾晒1~2天，晾蔫，含水量约在70%~75%，即用手拧一拧，手指缝有液体但不滴水为宜。并将甜菜叶切成4~5厘米的短节。为了提高青贮质量可以添加1%~2%的麸皮或玉米面。

三、装填

甜菜叶随收随运，随切随装，每装20厘米踩踏一次，做到踏严实，尤其对窖的四壁及四角周围要注意踏实，不留空隙；甜菜叶装至高出窖口30~40

厘米，圆形窖窖顶装成馒头状；长方形窖窖顶装成弧形屋脊状。用塑料薄膜将甜菜叶盖严，在塑料薄膜上盖20~30厘米干麦草，在麦草上面覆盖0.5米厚的土，要将高出的料踏实拍平，经常检查窖顶，及时填补裂缝，防止进水、进气、进鼠。装窖应在一天内装完。

四、品质鉴定

（一）颜色与形态

品质好的青贮甜菜叶，呈黄色或黄褐色，叶脉清楚、叶茎比较完整；劣质甜菜叶呈深褐色或黑色，形似一团污泥。

（二）气味

品质好的青贮甜菜叶，有酒香味；劣质青贮甜菜叶气味臭酸，刺鼻难闻。

（三）质地

品质好的青贮甜菜叶松散柔软；劣质青贮甜菜叶发黏或结块。

五、利用技术

青贮甜菜叶各种畜禽均可饲喂。青贮45天之后，便可开窖利用。长方形窖应从一头开启，分段分层取喂。切记掏洞挖取，每次取够一天用量，取后及时覆盖塑料薄膜或草帘、草席，防止风吹日晒、雨淋变质及二次发酵。饲喂青贮甜菜叶的量应由少到多，逐渐增加，使家畜（禽）逐渐适应。也可搭配其他饲料诱食，停喂时应由多到少，逐渐减少，一经开始饲喂，应连续使用，直到喂完。家畜（禽）饲喂青贮甜菜叶，如出现拉稀等异常现象时，可酌情减喂或暂停饲喂数日后再喂。家畜怀孕后期要限量饲喂青贮甜菜叶；质地不好或冰冻的青贮甜菜叶不能饲喂孕畜。在饲喂青贮甜菜叶时，要注意同时供给其他蛋白质饲料。

根据饲喂实践，猪1.7~3.5千克/天·头，羊2.7~3.5千克/天·只，奶牛15~20千克/天·头，役畜5~10千克/天·头（匹）。

第四节 秸秆的氨化及利用技术

农区牛羊所需粗饲料，大约50%~70%来源于农作物秸秆。在农区推广秸秆氨化饲料是发展节粮型畜牧业的最有效途径。

一、秸秆氨化技术概述

秸秆氨化处理技术已被公认为是改进秸秆营养价值、提高其利用率、大力发展秸秆型畜牧业的有效途径，它是我国最为普及的一种秸秆加工方法。

所谓氨化就是在密闭条件下，利用尿素或其他氨源对饲草进行化学处理，以提高其饲用价值的一种方法。氨化的作用就在于切断秸秆类粗饲料中纤维素与木质素之间的紧密结合，使纤维素与木质素分开，被家畜消化吸收。通常需要进行氨化的都是质地柔韧坚硬，木质素含量高，营养成分低下的农作物秸秆。这些饲草经过氨化后可增加粗蛋白含量 4%~5%，降低粗纤维含量，改善秸秆的适口性，提高消化率 20% 以上，采食量也相应提高 20% 左右。1 千克氨化秸秆相当于 0.4~0.5 千克燕麦的营养价值。对合理利用饲草资源，发展肉牛肉羊生产具有重要意义，是农区开展规模牛羊育肥生产不可缺少的一项技术。

二、秸秆氨化技术操作方法

窖地应选在宽散、向阳、背风、高燥、位于住宅和畜舍的下风处，土窖或水泥窖均可，水泥窖宜建成二池相连，可轮换使用；土窖应四壁光滑，贮草时，用塑料衬底，防漏气漏水。

窖的形状圆、方不拘，要求底部为锅形。窖的容积大小按氨化草数量而定，每立方米可贮秸秆 120 千克左右。

氨化前将秸秆切短至适当长度（2~5 厘米），粗硬的秸秆（如玉米秸）切得短些，较柔软的秸秆可稍长些。

在生产实践中氨化处理秸秆的方法有以下几种：

（一）液氨氨化法

将秸秆打成捆堆垛起来，上盖塑料薄膜密封。在堆垛的底部用一根管子与装有液氨的罐子相连，开启罐上的压力表，通入秸秆重 3% 的液氨进行氨化。氨气扩散很快，但氨化速度较慢，处理时间取决于气温。通常夏季约需 1 周，春、秋季需 2~4 周，冬季需 4~8 周，甚至更长时间。如果采用氨化炉氨化，30℃ ~90℃条件下只需 1 天即可完成氨化过程。氨化秸秆饲喂前要揭开薄膜通风 1~2 天，使残留氨气挥发。不开垛可长期保存。

（二）氨水氨化法

用含氨量 15% 的农用氨水，氨化处理，可按杆重 10% 的比例，把氨水均匀喷洒于秸杆上，逐层堆放逐层喷洒，最后将堆好的秸杆用薄膜封紧。

值得注意的是，只能使用合成氨水，焦化厂生产的氨水因可能含有有毒杂质而不能应用，含氨量少于 17% 的氨水也不宜使用。加工处理 1 吨秸秆所需的氨水数量如下：25% 浓度的氨水 120 升，22.5% 浓度的氨水 134 升，20% 浓度的氨水 150 升，17.5% 浓度的氨水 170 升。氨化处理的温度和时间：5℃

以下，处理 8 周以上；5℃ ~15℃，处理 4~8 周；15℃ ~30℃，处理 1~4 周；30℃以上，处理 1 周；45℃时，处理 3~7 天即可。饲喂前将氨化好的秸秆饲料打开取出，通风 1 天，待氨味消失后才能饲喂。

（三）尿素氨化法

是利用秸秆中存在的尿素酶将尿素分解成氨而对秸秆进行氨化的一种方法。

方法是：按秸秆重 3%~5% 的比例添加尿素，每 100 千克秸秆（干物质）用 3~5 千克尿素、30~50 千克水。首先将尿素溶解在 40℃的温水中，配成 1：10 的尿素溶液。将溶解后的尿素分数次均匀地喷洒到 100 千克秸秆上，入窖前或后喷洒均可，若于入窖前将秸秆摊开喷洒则更为均匀。逐层堆放，边装窖边踩实，待装满踩实后用塑料薄膜覆盖密封，再用细土等压好或泥巴封严，盖以长草即可。尿素氨化所需时间比液氨氨化稍长。一般用尿素处理作物秸秆所需时间比用液氨处理要多 15~30 天。25℃处理 40 天，即可达到满意的氨化（使用尿素）效果。另外，在尿素短缺的地方，用碳铵也可进行秸秆的氨化处理。

饲草以小麦秸为好，也可用稻草、谷草和玉米秸秆，要求原料新鲜、无霉变。

用尿素做氨源，宜在温暖的地区（或季节）采用。要使尿素分解快，在氨化过程中最好加些脲酶丰富的东西，如豆饼粉等。

三、氨化秸秆品质的鉴定

应用最普遍的是感官鉴定法，氨化好的秸秆，质地变软，柔软蓬松，干后手搓易碎，颜色呈棕黄色、红褐色或浅褐色，有强烈氨味，释放余氨后气味糊香或稍有酸味。如果秸秆颜色变为白色或灰色、发黏或结块，发黑、发霉等，说明氨化失败，已经霉变，不能饲喂家畜。发生这样的问题，通常是因为秸秆含水率过高、密封不严或开封后未及时晾晒所致。如果氨化后秸秆的颜色同氨化前基本一样，虽然仍可以饲喂，但说明没有氨化好。

四、影响氨化质量的主要因素

秸秆氨化质量与尿素的用量、秸秆含水量、环境温度、氨化时间以及秸秆的原有品质等密切相关。生产中氨化 100 千克秸秆（干物质），常用尿素 3~5 千克。秸秆含水率在便于操作、运输、保存以及确保秸秆不致霉变的前提下，可调整到 45% 左右。环境温度越高，氨化所需的时间越短，环境温度低于 5℃时，处理时间要多于 8 周；5℃ ~15℃时，为 4~8 周；15℃ ~30℃时，为 1~4 周；环境温度高于 30℃时，处理时间少于 1 周；高于 60℃时，少于 1 天。

五、氨化秸秆的管理及利用

（一）管理

氨化时间受气温影响，温度越高氨化时间越短，春、秋 20 天，夏天 7~10 天，冬天 50~60 天。氨化期间要经常查看窖池，以防人畜祸害，风雨天尤应注意。发现裂缝应及时封堵，切忌漏气进水。

（二）利用

氨化好的饲草，应先从一角取喂，不可掀顶开池，以免影响效果。

饲喂时要早取晚喂，晚取早喂，先放跑氨气后再喂，开始时由少到多，宜少量驯饲，使之适应，以后逐渐可加大喂量，使其自由采食。亦可与其他饲草混合饲喂。饲喂量视家畜的种类、年龄、体重、生理状况而定，怀孕母牛应少喂。

用氨化处理的秸秆饲喂育肥羊可使日增重提高 27%，采食量提高 30%。氨化秸秆的适口性较差，饲喂量应逐步增加。在实际生产中，氨化秸秆的采食量：羔羊为 0.3~0.6 千克 / 天 · 只；成年羊为 1.0~1.2 千克 / 天 · 只；成年肉牛、奶牛为 5~8 千克 / 天 · 头。

第五节　秸秆的微贮及利用技术

一、概述

秸秆的微贮，就是在农作物秸秆中加入微生物高效活性菌种——秸秆发酵活干菌，放入密封的容器中贮藏，经发酵使农作物秸秆变成具有酸香味，草食家畜喜食的饲料。具有成本低（氨化的 1/6），增重快，无毒害，贮存时间长，不受季节限制，与种植业不争化肥等优点，是应用现代化生物技术加工处理秸秆的一种更先进、更实用的新技术。

二、菌种复活

秸秆发酵活干菌每袋 3 克，可调制干秸秆 1000 千克或青秸秆 2000 千克。在处理秸秆前先将袋剪开，把 3 克菌剂倒入 2 千克水中，充分溶解（条件许可时在水中加白糖 20 克溶解后，再加入活干菌，可以提高复活率），在常温下放置 1~2 小时使菌种复活，复活好的菌剂一定要当天用完，不可隔夜使用。

三、菌液配制

将复活好的菌种倒入少许充分溶解 0.8%~1% 食盐水中，搅拌均匀，备用，具体配比：自来水 1000 千克（青秸秆适量），加入 8~10 千克食盐充分溶解，再加入 3 克复活好的菌种，搅拌均匀，调制干秸秆 1000 千克或青秸秆 2000 千克。

四、秸秆长度

用于微贮的秸秆不能霉烂变质，先铡短。养羊 3~5 厘米，养牛 2~8 厘米。

五、微贮窖建造

微贮窖的建造和青贮氨化窖一样，大小以养畜多少确定，不渗水，形式有水泥池、土窖、塑料袋等，以永久性两联池为最佳。

六、秸秆入窖

首先在窖底铺上塑料薄膜或用砖、石、水泥抹面。

按以下技术操作顺序装窖：

（一）分层装入铺碎秸秆

每层厚度为 20~30 厘米，均匀喷洒菌液水，使秸秆含水率达 60%~70%。边装边踩实。分层踩实的目的是为了排除窖内多余的空气，给发酵菌繁殖创造厌氧条件。如果当时未装满窖，可用塑料薄膜盖上，第 2 天再继续装窖。

（二）加入微贮添加剂

分层撒玉米面（或麦麸），为发酵初期菌种繁殖提供一定的营养物质。按干秸秆重的 5%，均匀地撒在每层上面。

（三）分层喷洒菌液

小窖用喷壶或瓢洒，大窖用小水泵喷洒。喷洒要均匀，层与层之间不得出现夹干层，含水量 60%~70%，以抓取试样，用两手扭拧，虽无水珠滴出，但松手后手上水分明显，为含水量适宜。

（四）分层压实，以减少秸秆间隙，为发酵创造良好的厌氧环境。压实是在每装一层，先撒玉米面（或麦麸），再喷洒菌液，并拌匀摊平的基础上实施。

要特别注意对窖边窖角的压实。

（五）封窖

在秸秆分层压实直到高出窖口 0.4~0.5 米，并使窖顶呈馒头形，在最上

面按每平方米250克均匀地撒一层细盐后，用塑料薄膜封严，再在上面铺20~30厘米厚的稻草或麦秸，用土压实，防止漏气。

其他操作与青贮氨化完全相同。

七、品质鉴定

（一）色泽

优质微贮青玉米秸秆色泽呈橄榄绿，稻草、麦秸、干玉米秸秆呈金黄色，如果变成褐色或墨绿色则表明质量低劣。

（二）气味

优质微贮饲料有醇香味和果香味，并具有弱酸味。如有强酸味，表明醋酸较多，是由于水分过多和高温发酵所致；如有腐臭味，是由于压实程度不够和密封不严，使有害微生物发酵，因此不能饲喂。

（三）手感

优质微贮饲料拿到手里感到很松散，且质地柔软、湿润，如发黏、结块或干燥粗硬，说明饲料开始霉烂，有的虽然松散，但干燥粗硬，也属于质量差的饲料，不能饲喂家畜。

八、利用

根据气温情况，秸秆微贮饲料，一般需在封窖21~30天后（冬季需要的时间更长），可开窖取料饲喂家畜。取料时要从一角开始，从上到下逐段取用，取完后应立即用塑料将口盖严，以免雨水浸入引起饲料变质。每次投喂微贮饲料时，要求料槽内清洁，对冻结的微贮饲料应加热化开后再使用。每次取出量应以当天喂完为宜，饲喂量应逐步增加，一般每天每头的饲喂量为：肉牛、奶牛、育成牛17~20千克，羊1~3千克，马、驴、骡5~10千克。

第六节 谷物饲料的加工调制及利用技术

谷物类饲料由于种皮、谷壳致密、坚实，不易软化，牛羊采食后对其咀嚼不完全而直接进入瘤胃，完整的籽实不易被消化酶和微生物作用而直接从粪中排出，因此籽实类饲料的加工目的是破坏其结构，便于消化酶和微生物的作用，提高谷物消化率与饲料利用率。

谷物类饲料的加工调制方法：

一、磨碎

利用机械手段将玉米、小麦、高粱等籽实粉碎。磨碎程度以粗碎粒为宜，直径1~2毫米。过细则会糊口。

二、蒸煮

对籽实加热，如对玉米、大麦和高粱经过蒸煮处理，可使淀粉破裂，部分胶化，提高利用率。可从日粮的玉米粉、高粱粉中抽取1/10放入适量水中加热煮成粥料。熬粥时，同时可加入一定量的胡萝卜、白薯，煮成黏糊状，凉后倒入饲槽内与青贮料一起饲喂，提高青贮料的采食量，有增加奶牛奶产量的效果。

三、水浸

将适量水加入饲料中。如拌混合料时加水量控制在不呈粉尘状，喂粥料则加水量应大。压碎的谷物常呈粉尘状，加入适量的水能提高牛的适口性。

四、发芽

将玉米、大麦用水浸泡，置于温度18℃~25℃下，90%湿度，使芽胚萌发，经6~8天即可食用。短芽长0.5~1.0厘米，富含维生素E、各种酶，能促进消化；长芽6~8厘米，富含维生素（胡萝卜素）。发芽后籽实中糖、维生素A、维生素B、维生素C与酶增加，有清爽甜味可补充高产牛、犊牛的维生素不足，特别在营养贫乏的日粮中，增加发芽饲料收效甚大。

第七节 精饲料的加工调制及利用技术

一、加工调制

禾谷类和豆类籽实覆着颖壳或种皮，需加工调制。一般脱去壳、皮的饲料的消化性良好，适口性强，除含有某些特殊物质等（如单宁）的饲料外，动物是喜食的。如果精饲料单独饲喂，可制成颗粒状（2毫米）或压扁，若制成粉状，则羊不爱吃。如果精饲料与粉碎的饲料混合拌喂，可提高适口性，增加采食量。精饲料压扁是将精饲料如玉米、大麦、高粱等加入16%的水，用蒸汽加热至120℃左右，用压扁机压成片状，干燥并配以所需的添加剂。

二、利用技术

饲喂精饲料要根据饲料的种类，按牛羊的营养需要配合日粮。以羊为例：一般豆饼占精饲料量的1/5，豆饼日喂量不得超过200克。精饲料日喂量在0.4千克以下，可1次喂给，喂料时间为晚上（放牧羊在下午收牧时）；在0.7~0.8千克应分2次喂给，喂料时间上午、下午各1次；在1.0~1.5千克应分3次喂给，喂料时间早、中、晚各1次。精饲料可与铡短的干草或青贮饲料拌喂。喂粉料前，应混匀并拌入适量的水，达到手能捏成团又能撒得开的程度时饲喂，以便采食。喂精饲料时，应防止羊拥挤使采食不均。喂完后将食槽清洗干净倒放，保持清洁。

第八节　矿物质饲料的调制加工及利用技术

一、加工调制

矿物质饲料在市场上多有成品出售。为了降低饲养成本，在有条件的地区，可以自行生产、加工调制。骨粉的调制，可利用各类兽骨，经高压蒸制后，晒干粉碎。石灰石粉（碳酸钙）的调制，可将石灰石打碎磨成粉状，还可将陈旧的石灰和商品碳酸钙等调制成粉状。蛋壳和贝壳经煮沸消毒后，晒干制成粉状。磷矿石经脱氟处理，调制成粉状。

二、利用技术

矿物质饲料的添加量一般为精料总量的1%~3%，可与精饲料混合喂给。食盐和石灰石粉除可加入精饲料中饲喂外，还可放在食槽内让家畜自由舔食。微量元素和维生素添加剂以及动物性饲料，根据家畜需要均可拌在精饲料中喂给，但务必混合均匀。

第九节　植物秸秆菌类蛋白饲料的加工调制技术

一、原料的选择及处理

原料要求新鲜无霉变、无杂质、无污染、不含毒素；用于饲喂羊的原料应切碎，长度以1.0~2.5厘米为宜，青绿秸秆最好打浆；常用麸皮或玉米面作辅料，若二者合用更好；拌料用水必须清洁无污染，以自来水为好，其次是井水，最好不用河水。

二、调制方法

一般农户以用塑料袋培养最为经济实用。塑料以厚0.6毫米的聚乙烯为好。制作50千克“101饲料”，需周长2米（或直径1米）、长1.8米的塑料袋2个。调制操作如下：

1. 消毒

将所有用具与拌料用的水泥地面进行消毒，备用。消毒以万分之一的高锰酸钾液最好。

2. 调制培养液

将1千克“101菌种”置入75千克水中，搅匀即可。

3. 原料配合

称取45千克粉碎秸秆，加入5千克辅料（麸皮、玉米面等），搅匀备用。

4. 搅拌

将培养液倒入配料，边洒边拌，翻搅均匀，即成培养料。

5. 装袋

将拌好的培养料装入塑料袋（或缸、水泥池），边装边用手拨平且轻压，使料与袋壁紧贴，上下松紧一致。注意不能压得过实。

6. 打孔

在装好料的袋中，从上到下打4~5个孔（间隔20厘米左右），孔的深度为培养料的2/3左右。最后将温度计斜插料内约10厘米深。

7. 敞口培养

将装好料的袋口敞开，使其发酵升温，在环境温度为20℃~25℃条件下，2~3天温度就上升到42℃，当温度达到42℃时，立即扎紧袋口密封。

8. 密封发酵

封口后约经72小时，发酵料成熟。成熟料具有苹果香味，即可饲喂。若无苹果香味，应封口继续发酵。如有异味，说明饲料变质，不可饲用。

发酵好的饲料需密封保存。

第十节 中草药饲料添加剂及其加工利用技术

随着饲料工业的快速发展，大量人工合成的饲料添加剂如抗生素、促生长素、驱虫剂、激素、调味剂和改良剂、防腐剂等在饲料中普遍添加，对畜牧业发展起到了巨大的推动作用，但是也带来了负面效应。特别是抗生素的

大量使用，产生的耐药性和残留给人类健康带来了危害，已经引起了广大科技工作者和消费者的关注和忧虑。现在有些国家和地区（如欧盟一些国家）已经用立法形式禁止或限制在饲料中添加抗生素。随着经济全球化，中国饲料行业的发展面临更加开放的市场环境和日趋激烈的市场竞争。与此同时，从对人体健康的角度出发，国际上对绿色饲料的呼声越来越高。作为绿色饲料的核心，绿色饲料添加剂是生产无公害饲料，进而生产绿色食品的重要环节之一。中草药饲料添加剂作为绿色饲料添加剂的一种，具有毒副作用小、无残留、无耐药性的独特优势，被愈来愈多的畜牧工作者所重视。

一、饲料添加剂的定义

在饲料生产加工、使用过程中为满足特殊需要而加入的各种少量或微量的物质，它们在饲料中用量很少但作用显著。

饲料添加剂是现代饲料工业常使用的原料，在强化基础饲料营养价值，提高动物生产性能，保证动物健康，节省饲料成本，改善畜产品品质等方面有明显的效果。

二、使用饲料添加剂的目的

改善饲料的营养价值，提高饲料利用率，促进动物生产，改善饲料的物理特性，增加饲料耐贮性，增进动物健康，改善动物产品品质，提高养殖效益，保障食用安全，有益生态环境。

三、饲料添加剂分类

根据其作用，一般分为营养性饲料添加剂、非营养性饲料添加剂、药物性饲料添加剂三类。

（一）营养性饲料添加剂

1. 氨基酸

包括 L- 赖氨酸盐酸盐、DL- 羟基蛋氨酸、DL- 羟基蛋氨酸钙、N- 羟甲基蛋氨酸、L- 色氨酸、L- 苏氨酸等。

2. 维生素

包括 β - 胡萝卜素、维生素 A、维生素 A 乙酸酯、维生素 A 棕榈酸酯、维生素 D3、维生素 E、维生素 E 乙酸酯、维生素 K（亚硫酸氢钠甲萘醌）、二甲基嘧啶醇亚硫酸甲萘醌、维生素 B，（盐酸硫胺）、维生素 B1（硝酸硫胺）、维生素 B2（核黄素）、维生素 B、烟酸、烟酰胺、D- 泛酸钙、DL- 泛酸钙、叶酸、维生素 B2（氰钴胺）、维生素 C（L- 抗坏血酸）、L- 抗坏血酸钙、

L- 抗坏血酸 -2- 磷酸酯、D- 生物素、氯化胆碱、L- 肉碱盐酸盐、肌醇等。

3. 矿物质元素

包括常量和微量元素。铁、锌、铜、锰、钙、磷、钾、钠、镁、硫、硒、钼、钴、碘等，其多以化合物形式添加：硫酸亚铁、乳酸亚铁、碳酸亚铁、氯化亚铁、氧化亚铁、富马酸亚铁、柠檬酸亚铁；碘化钾；碘酸钙、碳酸钙、磷酸氢钙、磷酸二氢钙、磷酸一氢钙；硫酸钴、氯化钴、碳酸钴；硫酸铜、氧化铜；硫酸锰、氧化锰；硫酸锌、氧化锌、碳酸锌；亚硒酸钠、硒酸钠、磷酸二氢钠；硫酸镁、氧化镁、碳酸镁等。

4. 非蛋白氮

包括尿素、硫酸铵、液氨、磷酸氢二铵、磷酸二氢铵、缩二脲、异丁叉二脲、磷酸脲、羟甲基脲等。

（二）非营养性饲料添加剂

1. 抗氧化剂

包括乙氧基喹啉（EMO）、二丁基羟基甲苯（BHT）、丁基羟基茴香醚（BHA）、没食子酸丙酯等。

2. 抗结块剂

包括 x- 淀粉；海藻酸钠、羧甲基纤维素钠、丙二醇、二氧化硅、硅酸钙、三氧化二铝、蔗糖脂肪酸酯、山梨醇酐脂肪酸酯、甘油脂肪酸酯、硬脂酸钙、聚氧乙烯 20 山梨醇酐单油酸酯、聚丙烯酸树脂 II 等。

3. 酶制剂

包括蛋白酶（黑曲霉，枯草芽孢杆菌）、淀粉酶（地衣芽孢杆菌，黑曲霉）、支链淀粉酶（嗜酸乳杆菌）、果胶酶（黑曲霉）、脂肪酶、纤维素酶（reesei 木霉）、麦芽糖酶（枯草芽孢杆菌）、木聚糖酶（insolens 腐质霉）、β - 聚葡糖酶（枯草芽孢杆菌，黑曲霉）、甘露聚糖酶（缓慢芽孢杆菌）、植酸酶（黑曲霉，米曲霉）、葡萄糖氧化酶（青霉）等。

4. 防霉剂

包括甲酸、甲酸钙、甲酸铵、乙酸、双乙酸钠、丙酸、丙酸钙、丙酸钠、丙酸铵、丁酸、乳酸、苯甲酸、苯甲酸钠、山梨酸、山梨酸钠、山梨酸钾、富马酸、柠檬酸、酒石酸、苹果酸、磷酸、氢氧化钠、碳酸氢钠、氯化钾、氢氧化铵等。

5. 着色剂

包括 β - 阿朴 -8- 胡萝卜素醛、辣椒红、β - 阿朴 -8- 胡萝卜素酸乙酯、虾青素、β，β - 胡萝卜素 -4，4- 二酮（斑蝥黄）、叶黄素（万寿菊花提取物）等。

6. 乳化剂

包括甘油脂肪酸酯、蔗糖脂肪酸酯、山梨聚糖脂肪酸酯等。

7. 黏结剂

包括海藻酸钠、羟甲纤维素钠等。

8. 调味剂

包括糖精钠、谷氨酸钠、7- 肌苷酸二钠、7- 鸟苷酸二钠；血根碱；食品用香料均可作饲料添加剂。

9. 微生物制剂

包括干酪乳杆菌、植物乳杆菌、粪链球菌、屎链球菌、乳酸片球菌、枯草芽孢杆菌、纳豆芽孢杆菌、嗜酸乳杆菌、乳链球菌、啤酒酵母菌、产朊假丝酵母、沼泽红假单胞菌等。

（三）药物性饲料添加剂

主要有 3 种：

1. 抗生素类抑菌促生长剂

杆菌肽锌、硫酸黏杆菌素、杆菌肽锌 + 硫酸黏杆菌素、北里霉素、恩拉霉素、维吉尼霉素、黄霉素、土霉素钙、金霉素钙、磷酸泰乐菌素、那西肽、牛至油等。

2. 化学合成类饲料添加剂

（1）合成抗生素类抑菌促生长剂：痢菌净、喹烯酮、喹乙醇、对氨基苯胂酸（阿散酸）、羟基苯胂酸（洛克沙胂）、氯化胆碱等。

（2）抗球虫药：氨丙啉、氨丙啉 + 乙氧酰胺苯甲酯、氨丙啉 + 乙氧酰胺苯甲酯 + 磺胺喹恶啉、硝酸二甲硫胺、氯羟吡啶、氯羟吡淀 + 苄氧喹甲酯、尼卡巴嗪、尼卡巴嗪 + 乙氧酰胺苯甲酯、氢溴酸常山酮、氯苯胍、二硝托胺、拉沙洛西钠、莫能菌素、盐霉素、马杜霉素、海南霉素。

（3）驱虫保健药：越霉素 A、潮霉素 B、氨丙啉、氯羟吡啶、氯苯胍、盐霉素钠、莫能霉素钠、海南霉素等。

3. 中草药饲料添加剂

如松针叶、刺五加、蒲公英、当归、黄芪、贯众、茴香、胡枝子、杨树皮、泡桐叶、艾叶、大蒜、益母草、薄荷叶、麦芽、白术、杜仲等可根据不同添加目的被用来配制中草药饲料添加剂。

四、中草药饲料添加剂

（一）概述

中草药饲料添加剂是指以天然中草药的药性（阴、阳、寒、凉、温、热）、药味（辛、酸、甘、苦、咸）和药物间关系的传统理论为基础，以现代动物营养学和饲养学理论为指导，并结合生产实际需要，利用中草药或其药渣，煎汤或研成细末，添加在日粮或饮水中，以期预防动物疾病，促进生长，提高生产性能和改善畜禽产品质量。

虽然有些学者将其归入非营养性饲料添加剂，但按国家审批和管理却归入药物类饲料添加剂。然而，由于中药既是药物又是天然产物，含有多种有效成分，基本具有饲料添加剂的所有作用，可作为独立的一类饲料添加剂。

中草药饲料添加剂属绿色饲料添加剂的范畴，能够提高畜禽对饲料的适口性、利用率、抑制胃肠道有害菌感染，增强机体的抗病力和免疫力，在畜产品内无残留；能提高畜禽产品的质量和品质，对食用者健康无害，对环境无污染。

（二）中草药饲料添加剂的作用

1. 防病保健作用

主要表现在增强免疫、抑菌、驱虫、保胎、抗应激、调整机体功能等方面。

（1）免疫增强作用。黄芪可明显提高血中LgE、LgM含量；何首乌、刺五加、党参可增加白细胞数，使吞噬功能加强；四君子汤、六味地黄丸和四物汤对体液免疫和细胞免疫有促进作用。现已确定，黄芪、刺五加、党参、商陆、马兜铃、甜瓜蒂、当归、穿心莲、大蒜、茯苓、水牛角、猪苓、石膏、冬瓜子、羊角等有增强免疫作用，可作为免疫增强剂。

（2）调整机体功能，具有双向调节作用。传统理论认为促生长作用是与中草药可提高机体免疫力密切相关，其防治疾病的作用主要是通过调整阴阳和扶正祛邪，调动和激发机体内抗病因素，提高器官组织功能，增强抗御病菌侵害能力，同时有些中草药本身就有抗菌能力。

（3））抗菌作用。中草药的抗菌作用和抑菌机理不同于抗生素。抗生素是直接作用于细菌而将其杀灭的。由于大量、单纯、长期连续使用，病原微生物易出现抗药性。而中草药尤其是清热解毒类中草药，可直接作用于病原菌体，影响或破坏其生长、繁殖和代谢，从而杀灭细菌。中草药的抗菌作用主要表现在以下几个方面。

①增强机体器官组织的抗菌能力。党参、鸡血藤、阿胶、何首乌等有刺激白细胞生成、生长的作用而抗菌；何首乌含有卵磷脂，卵磷脂是构成神经、脑髓、红细胞的原材料，可增加抗菌能力；枸杞等通过增强造血功能而抗菌；灵芝等能促进脾脏功能而抗菌。此外，党参、当归、穿心莲、黄连、灵芝等，可使吞噬细胞消化、溶解细菌，达到直接杀菌的作用；桔梗有提高溶菌酶活性的作用；黄芪、丹参等有促进干扰素生成的作用，可防止细菌侵入正常细胞内

进行复制。板蓝根、黄芩、贯众、金银花等对革兰氏阳性和阴性病菌都具有抑制和杀灭作用，提高动物细胞的吞噬能力，促进抗体形成，并能预防病毒、真菌、原虫和螺旋体感染。

②通过作用于细菌的结构和代谢发挥抗菌作用。黄柏等能抑制细菌呼吸和抑制细菌 RNA 的合成而抗菌；金银花可直接作用于细菌的细胞壁，抑制细菌细胞壁的合成；大蒜等能使细菌失去半胱氨酸而不能进行生物氧化作用，同时还可使细菌巯基失活，抑制与细胞生长和繁殖有关的巯基，达到抗菌作用。

（4）有激素样作用，调整新陈代谢。当归能抗 VE 缺乏症，黄芪可促进细胞的生理代谢作用。首乌等可促进肥猪合成代谢，使猪皮毛红润、食欲旺盛、抗病力强、生长速度加快。又如人参、虫草等具雄激素样作用。

（5）维生素样作用。维生素样作用，是指本身不含某一维生素成分，而却能起到某一种维生素的功能作用。如维生素 A 样作用的有小茴香；维生素 E 样作用的有当归等。

（6）解毒驱虫作用。驱除动物体内的寄生虫，如南瓜子和石榴皮等。甘草中含有甘草素、皂甙，按 1∶10 比例用甘草煎汤取汁，大猪喂 1500 毫升，小猪喂 500 毫升，可以治疗猪亚硝酸盐中毒，鸡药物中毒时，可让其自饮解毒。用复方青蒿克球散（青蒿 1000 克、常山 2500 克、柴胡 900 克、苦参 1850 克、地榆炭 900 克、白茅根 900 克，加水煎 3 次，浓缩至 2800 毫升，配成 25% 药液），按 15 千克饲料中加 4000 毫升煎剂搅拌均匀喂鸡，对防止鸡柔嫩艾美尔球虫有很好的疗效。

（7）抗应激和“适应原”样作用。应激是导致畜禽生产性能降低的主要危害因素之一。“适应原”样作用，是指能使机体在恶劣环境中的生理功能得到调节，并使之朝着有利方向进行和增强适应能力的作用。目前对由激素引起的应激综合征尚无良策。但研究天然产物中草药后发现，与抗生素相比，中草药饲料添加剂能发挥一定的抗应激作用，可抵御和缓解环境恶性刺激（寒、热、惊吓和疲劳等）的损伤，增强动物适应力，如刺五加、人参及延胡索等。黄芪、党参等可对机体进行调节和提高功能，而有阻止应激反应警戒期的肾上腺增生、胸腺萎缩，以及阻止应激反应的抵抗期、衰竭期出现的异常变化，起到抗应激作用。

2. 提高动物生产性能

主要表现在改善食欲、促进消化吸收和生长、提高饲料转化率、催肥增重、增乳、促进生殖、提高生产性能等方面。

中草药中除含有蛋白质、糖、脂肪外，还富含多种必需氨基酸、维生素和矿物元素等营养物质，这可以弥补饲料中一些营养成分的不足。如芒硝、白矾和麦饭石等可补充机体矿物元素的不足。

如单味松针粉中含有多种维生素、18 种氨基酸、粗蛋白、钙、磷、钠、钾、锰、镁、铁、锌、铜、钴、硒、钼等 12 种常量元素与微量元素，还含有植物杀菌素、挥发油、促长因子等活性物质。鲜松针 80℃烘干或阴干品，按 2%~5% 添加入猪和鸡的饲料中，可促进生长发育，提高受精、产蛋与孵化率、产仔率；在育肥猪饲料中添加 0.16% 的干辣椒粉可使猪增重 14.5%，饲料消耗降低 12.65%，经济收入增加 12.29%；在泌乳羊饲料中添加柑橘渣，可以提高产乳量和乳脂率；在饲料中添加茉莉花、玫瑰花、葱叶，可使肉鸡、蛋鸡、鹅采食量增加，增重、产蛋率及饲料报酬均有提高。

丝兰植物提取物可改善瘤胃消化道微生物的组成和发酵，促进丙酸及总酸的生成，由于能量效率提高，也有利于饲料氮的合成，因此提高了增重和饲料的消化利用率，与 44 毫克 / 千克莫能菌素并用，效果更佳。国外学者发现丝兰浸剂饲喂母鸡，产蛋量及肠液分泌增加 21%，脂肪酶活性增强，蛋重增加 20%。传统中兽医也认为消化系统（指脾、胃）为后天之本、气血生化之源，只有脾胃健运，生长发育、繁殖等各种生理活动所需的营养物质才可更好地消化吸收。常用的健脾胃药有神曲、麦芽、山楂、黄芪、陈皮、艾叶等，它们都能助消化吸收。

健脾消积，养血滋阴的中草药可促进动物生长，提高生产性能。常用五味子、党参、山药、刺五加、沙棘、巴戟天、山茱萸、杜仲、当归、钩吻、松针粉等添加到饲料中均取得了较好的效果。五味子还可改善机体对糖的利用，促进合成代谢。

健胃增肥作用。改善饲料适口性，增进食欲，并能改善动物胃肠功能，提高饲料消化利用率，增加体重，如山楂、钩吻、茴香、陈皮、麦芽和薄荷等。

中草药添加剂能有效兴奋胃肠道和促进消化腺酶的分泌，促进血红蛋白、血清蛋白的合成，即具有抗贫血和改善蛋白代谢的作用，从而提高营养物质的利用效率。还可提高血清胆固醇的含量，对机体的再生能力，促进新陈代谢有很好的作用。

催乳作用。促进乳腺发育和乳汁合成及分泌，如王不留行、路路通、萱草根和马鞭草等。

促生殖作用。促进生殖机能和增加产卵产仔，如石斛、淫羊藿、水牛角及沙苑蒺藜等。

3. 改善动物产品质量

主要表现在改善肉品质、风味，改善皮毛色泽等方面。

改进及提高动物产品（肉、蛋、奶）质量、品质、风味和色泽，如大蒜、

胡椒、茴香、丁香、海藻及胡萝卜等。

中草药的有关成分物质被动物吸收后，经血液循环可作用于肌、蛋、奶处，从而起到改进其质量的效果。如 0.05% 松针活性物质可使蛋黄色泽加深；用海藻喂鸡，7 天后鸡蛋含碘量可提高 15~30 倍，而成为“碘蛋”；大蒜可提高鸡的肉香味；杜仲叶干粉添加入鱼饵料可改进缮鱼肉质。

有试验表明，用松针粉喂三黄鸡，可以增加三黄鸡皮肤与蛋黄颜色；在蛋鸡饲料中添加 2%~5% 的海藻粉，可使产蛋中含碘量提高，同时还能加深鸡蛋黄的颜色；如用来喂肉鸡，则可使鸡肉香味更浓，而且肉质鲜嫩可口。

4. 改善饲料品质和防霉防腐作用

主要表现在许多中草药添加剂具有补充营养、增香除臭作用，从而改善饲料营养及适口性，增进动物食欲，促进消化吸收，抗饲料的氧化和霉变而延长饲料的保质期限等，使饲料在贮存中不变质，不腐败，延长保藏时间。如红辣椒、花椒、贯众、土槿皮等。

中草药中的香辛料及其精油中含有抗菌成分，有不同程度的抗菌效力，将香辛料单用或与某种化学防腐剂合用，其防腐效果很好。如在饲料中添加山苍子不仅防霉效果好，而且不影响动物采食量。中草药香辛料作为防霉防腐保鲜剂的另一个优点不仅仅是因为它们是天然物质，在适用剂量范围内无毒副作用，而且它们本身就是畜禽的营养物质，兼有营养保健的作用，所以不但对饲料的防腐有益，而且对畜禽的生长也有好处。

5. 营养作用

天然中草药一般均含有蛋白、糖、脂肪、淀粉、维生素、矿物质、微量元素等营养成分，虽然多数含量较低，甚至是微量的，但其却是可以起到一定的营养作用和可成为动物机体所需的物质。

（三）中草药饲料添加剂的特点

1. 来源天然性

中药来源于动物、植物、矿物，本身就是地球和生物机体的组成部分，保持了各种成分结构的自然状态和生物活性，并且在应用之前经过科学炮制去除有害部分，它所含的主要天然成分，能起到防病治病，促进生长发育的作用。

2. 功能多样性

中药均具有营养和药物的双重作用。现代研究表明，中药含有多种成分，包括多糖、生物碱、甙类等，少则数种、数十种，多则上百种，按现代“构效关系”理论，其多功能性就显而易见了。中药除含有机体所需的营养成分之外，作为饲料添加剂应用时，是按照中国传统医药理论进行合理组合，使物质作用相协同，并使之产生全方位的协调作用和对机体有利因子的整体调动作用，最终达到提高动物生产的效果。这是化学合成物所不可比拟的。

3. 无药残、无抗药性、毒副作用小、安全可靠

长期以来，化学药品、抗生素和激素的毒副作用和耐药性使医学专家伤透了脑筋，尤其是容易引起动物产品药物残留，这已成为一个全社会关注的问题。化学合成类饲料添加剂的长期大量使用，使其中的有毒物质在动物体内蓄积，使食用畜禽产品（肉、蛋、奶）的消费者极易引起“三致”（致癌、致畸、致突变）等毒副作用。中药的毒副作用小，无耐药性，不易在肉、蛋、奶等畜产品中产生有害残留，是中药添加剂的一个独特优势，这一优势，顺应了时代潮流，满足了人们回归自然、追求绿色食品的愿望。

中草药饲料添加剂是根据中兽医理论和机体不同生理需要，由各种性味的中草药配制而成，其作用机理独特，一般不易产生耐药性。

中草药所含成分均为生物有机物。目前所用的抗生素和化学合成的抗微生物和寄生虫药均有致使产生抗药性的弊端，而天然物中草药，以其独特的抗微生物和寄生虫的作用机理，不致使产生抗耐性，并可长期添加使用。如与抗生素合用，还有降低或消除后者毒副作用。

4. 双向调节性

器官组织功能，常以兴奋（增强）和抑制（低下）两个截然不同的功能向或状态来表示。西药一般只能有单一功能向作用，或予以兴奋或予以抑制，中草药则不同，每味中草药均含有两种作用的成分。在肌体及脏腑处于不同功能状态时，它能对其不平衡的病理产生不同的作用，即对同一器官组织的不同功能起到双向调节作用，即兴奋时起抑制作用，抑制时起兴奋作用，直至调节到正常态为止。此外，中草药还可以对 DNA 合成和免疫功能进行双向调节。

5. 整体调节性

中草药中的各种成分，除单个成分起应有的作用外，还有它们之间的复合作用，中草药的每个复合体其结合成分在作用机制上以整体调节为主，突出对动物肌体的相互作用，使之向有利于健康的方向发展，达到阴阳平衡；中草药的整体调节作用是多方面和多途径的，可以说他们能对已发现的动物体各平衡系统（神经、激素、免疫及代谢等）进行调节。这符合中兽医“整体观念”的理论。

6. 经济环保性

抗生素及化学合成类药物添加剂的生产工艺特别复杂，有些生产成本很高，并可能带来“三废”污染。中药除少数为人工种植外，大多数均源于大

自然，来源广泛，成本低廉。中药饲料添加剂的制备工艺相对简单，生产过程不污染环境，而且产品本身就是天然有机物，各种化学结构和生物活性稳定，储运方便，不易变质。

（四）中草药饲料添加剂的有效成分及其作用机理

中草药作为饲料添加剂兼有药物和营养的双重作用，既可防病，又能提高生产性能，但是迄今为止，对中草药添加剂在动物体内的作用机理还不甚清楚。用现代药理学和营养学的理论分析，其促生长作用一般认为是与中草药可提高机体免疫力密切相关，其防治疾病的作用主要是通过调整阴阳和扶正祛邪，调动和激发机体内抗病因素，提高器官组织功能，增强抗御病菌侵害的能力。

1. 多糖

已发现的具有免疫活性的多糖无致突变或致癌作用，是最受重视有望在免疫刺激中占显要地位的免疫活性成分。已分离出的多糖，如党参多糖、黄芪多糖、淫羊藿多糖、红花多糖、女贞子多糖、刺五加多糖及甘草多糖等，都有明显的免疫刺激与免疫增强作用。

2. 甙类

在甙类化合物中研究最多的是人参皂甙和黄芪皂甙。人参皂甙和黄芪皂甙能增加网状内皮系统的吞噬功能，并能促进抗体生成，促进抗原抗体反应和淋巴细胞转化。

3. 生物碱

从苦豆草中分离到的总生物碱能明显增强体液与细胞免疫功能，刺激巨噬细胞吞噬功能。

4. 挥发性成分和有机酸

大蒜素、马兜铃酸能加强巨噬细胞的吞噬功能，破坏癌细胞染色体，改善荷肉瘤小鼠机体的免疫状态。桂皮酸及其钠盐有升高白细胞的作用。

（五）中草药饲料添加剂的主要种类

1. 免疫增强剂

提高动物体非特异性免疫功能，预防动物疾病，增强抗病力。如刺五加、黄芪、党参、灵芝、淫羊藿、枸杞子、茯苓、商陆、穿心莲、红花、杜仲、旱莲草、白花蛇舌草、鱼腥草、猪苓、紫草、当归、甜瓜蒂等。

2. 抗应激剂

具有清暑祛热、解毒杀菌、健脾化湿、安神镇静的作用，抵御和缓解环境恶性刺激（寒、热、惊吓和疲劳等）的损伤，提高动物在运输过程中或异地环境的抗应激和适应能力。主要有丁香、佩兰金银花、板蓝根、苍术、五

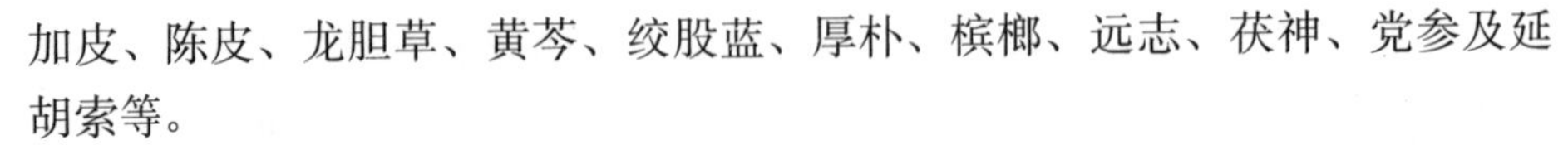

加皮、陈皮、龙胆草、黄芩、绞股蓝、厚朴、槟榔、远志、茯神、党参及延胡索等。

3. 激素样作用剂

对机体起类似激素调节的作用，如甘草、石蒜和肉桂等。

4. 健胃催肥增重剂

改善饲料适口性，促进消化吸收，增进食欲，并能改善动物胃肠功能，提高饲料转化利用率，促进生长发育。如乌梅、车前子、射干、鸡内金、山楂、麦芽、神曲、砂仁、肉桂、橘皮、厚朴、陈皮、龙胆草、葛根、大黄、钩吻、茴香和薄荷等。

5. 促生殖机能剂

多入肾经，滋阴补肾壮阳，可促进性腺发育，刺激性激素分泌，促进生殖机能，增强性欲，促进产卵产仔。主要有杜仲、淫羊藿、益母草、补骨脂、贯众、罗勒、当归、黄芪、党参、麦芽、神曲、菟丝子、五味子、石斛、白术及沙苑蒺藜等。

6. 改进产品质量和风味剂

改进及提高动物产品（肉、蛋、奶）质量和色泽，改善产品风味。主要有大蒜、丁香、茴香、麦芽及胡萝卜等。

7. 促进代谢调节剂

具有调节动物糖、脂肪、蛋白质代谢的作用。主要有党参、麻黄、枸杞子、黄芪、沙棘、松针粉、白术、螺蛤、刺五加、女贞子、决明子、香附、海藻和昆布等。

8. 抗菌抗病毒剂

抗御动物体内的病原微生物（细菌和病毒），起到防病治病的作用。主要有金银花、连翘、大青叶、鱼腥草、黄连、黄芩、黄柏、穿心莲、苦参、白头翁、千里光、栀子、赤芍、板蓝根、野菊花、蒲公英、败酱草及大蒜等。

9. 驱虫剂

能驱除动物体内的寄生虫。如贯众、槟榔、南瓜子和石榴皮等。

10. 饲料保藏剂

使饲料在贮存中不变质，不腐败，延长保藏时间。如贯众、框子、红辣椒、豆蔻、橘皮、花椒、甘草和土槿皮等。

11. 催乳剂

可舒筋通络，促进乳腺发育和乳汁合成及分泌，改善乳品质量。主要有黄芪、当归、川芎、王不留行、通草、益母草、萱草根和马鞭草等。

12. 矿物微量元素剂

可以补充机体矿物质及微量元素。如芒硝、白矾和麦饭石等。

（六）中草药饲料添加剂的制作加工技术

1. 基本制作技术

（1）粉碎。

（2）煎煮。

（3）浸提。

（4）精制（片剂、胶囊剂、纳米级制剂）。

2. 常用的加工方法

目前我国绝大多数中草药添加剂剂型以散剂或煎剂为主。

（1）中草药液体添加剂的制作。

①常用方法：煎煮时，一般是沸腾后用文火煎煮半小时→过滤→冷却→加入食品用防腐剂（苯甲酸钠；山梨酸；柠檬酸；酒石酸；苹果酸）→灌装。

②现代加工工艺流程为：中草药材→筛选→定向浸提→脂提物→水提物、醇提物、醚提物过滤→冷却→加入食品用防腐剂→灌装。

（2）中草药固体添加剂的制作

①常用方法：各原料按比例分别粉碎（60~80 目筛）→充分搅拌混合→装袋。

②现代加工工艺流程为：中草药材→筛选→定向浸提→脂提物→水提物、醇提物、醚提物→喷雾干燥→打包（纯品）。若要做成微粉，或者超微粉（直径 100~180 微米），则将上述干燥纯品→微粉碎（超微粉碎）→混合→气流干燥→包装。

（七）中草药饲料添加剂在养殖业中的应用

中草药饲料添加剂是我国特有的中医药理论与实践的产物，其含有多种营养成分和生物活性物质，兼备营养和药物两种功能，是一类经过实践检验、取自自然、功能多样、无毒副作用、无抗药性等优点的添加剂。它是以中国天然中草药的物性、物味、物间关系的传统理论为主导，辅以饲料和饲料工业等学科理论和加工技术而制成的纯天然饲料添加剂。从“七五”开始，国家及有关省部就开始立项研究不同作用的中草药饲料添加剂，研制出了一些效果显著的产品。1991 年，中草药饲料添加剂的研究课题被列为“八五”重点攻关项目。《国家饲料工业 1996—2020 年的发展战略》提出，用中草药替代化学合成药物、抗生素类添加剂有着广泛的前景。截至目前，被用来作为饲料添加剂原料的中草药已有 300 余种，对推动畜牧业发展、提高养殖效益起到了重要的作用。

1. 在养牛业中的应用

中草药添加剂可以提高肉牛的日增重和奶牛的产奶量。松针粉对提高奶牛生长速度、增强抗病力有明显作用，是一种营养价值很高的饲料添加剂。在奶牛日粮中添加 1%，可节省精料 6%，产奶量提高 2.4%~10.5%，增收可达 14.3%。添加 3%~5%，则可治疗异食癖。海带含有藻胶素、各种氨基酸和维生素、多聚糖以及藻氨酸等有效成分，对化痰软坚、利尿消肿有很好的效果。奶牛饲料中添加松针、益母草、党参、白术、当归、术道、麦芽等，日产奶量增加 1.06 千克，305 天产奶量增加 323.3 千克，而且有助于胎衣排出，流产率下降，对乳腺炎、子宫内膜炎、卵巢囊肿等发病率也有下降的作用。

沸石粉对奶牛有良好作用。在日粮中加入 8% 的沸石粉，可提高产奶量 7.1%，全期增重提高 4%~5%。沸石的有效成分属黏土矿物，当饲料中的营养成分与沸石混合后，使动物肠黏膜厚度增加，肠腺发达，肠绒毛数量多，且排列致密、规则，有利于消化酶的分泌。另外，沸石粉中含有的镍、钴、铜、硒等微量元素都是动物体内酶的激活物，可大大提高酶活性，促进营养物质的消化吸收，提高饲料的营养价值。沸石粉有很强的吸附能力和离子交换性，能调节动物体内各种离子平衡，并具备畜禽所需的全部常量元素和部分微量元素，提高钙的利用率，改善软组织镁的供应，具有止泻、除臭、干燥及促进纤维素消化的作用。

有报道称，在肉牛饲料中每日每头添加 100 克中草药添加剂（由神曲、麦芽、莱菔子、使君子、贯众、苍术、当归、甘草等组成），试验肉牛每头日增重达 1.5 千克，经济效益明显。有技术人员研究表明，夏季在奶牛日粮中添加抗热应激中草药添加剂（由石膏、板蓝根、黄芩、苍术、白芍、黄芪、党参、淡竹叶、甘草等组成）可以提高奶牛产奶量，每头牛每日产奶量平均增加 1.5 千克。另外还能显著提高奶牛血糖浓度。

2. 在养羊业中的应用

中草药添加剂可以促进羔羊生长，提高绵羊产毛量。有报道介绍，用鲜松针配合少量混合精料、矿物质添加剂及青干草饲喂南江黄羊产仔母羊，试验羔羊平均日增重比对照组提高 17.8%。研究还表明，给美利奴羊每只每天饲喂中草药添加剂“增长散”（由紫苑、桑白皮、蛇床子、补骨脂、黄芪、熟地、何首乌等组成）5 克，连续饲喂 30 天，结果试验组较对照组每只羊平均体重多增 2.21 千克，每只羊平均剪毛量多 1.09 千克。

3. 在养猪业中的应用

中草药添加剂可以增进猪的食欲，提高猪的增重和饲料利用率。有报道介绍，在育肥猪日粮中添加 5% 的山楂粉，育肥猪日增重提高 15.6%，饲

料报酬提高 4.4%。有试验结果表明，在商品猪日粮中添加 0.2% 由党参、白术、黄芪、当归、川芎、柴胡、香附、藿香、白芍、甘草等 24 味中草药组成的复方中草药添加剂，试验猪日增重比对照组提高 24.1%，饲料转化率提高 19.49%。有研究人员用中草药制剂 BMSL（由巴豆、麻根、首乌等组成）饲喂 40~50 日龄杜长大三元杂交猪，添加量为：试验 I 组 1 份 BMSL/ 头，试验期 125 天，结果表明，试验猪日增重比对照组提高 12.02%，饲料利用率提高 7.41%。

4. 在养兔业中的应用

增进食欲，提高营养物质的利用和促进动物生长。中草药饲料添加剂的主要功能是增强消化吸收和合成代谢，促进生长发育。常用的药物有：山楂、麦芽、神曲、砂仁、接骨木、肉桂、枳壳、厚朴等；促进合成代谢常用的药物有：人参、麻黄、黄芪、白术、刺五加、枸杞子、补骨脂等。有专家用苍术、陈皮、大青叶、白头翁各 30 克，黄芪、马齿苋、车前草等各 20 克，甘草、五味子各 10 克，组成的中草药饲喂德系安哥拉长毛兔，初生体重可提高 18%，幼年兔增重提高 19%，初生活仔窝重提高 10.8%，饲料报酬提高 11%，成年兔的产毛量提高 16%。

增强动物繁殖机能，提高家兔的繁殖率。以传统中兽医学方药理论分析，淫羊藿、女贞子均入肾经，它与动物机体的发育、生长、衰老以及生理机能的成熟和衰退是密切相关的，用淫羊藿、阳起石、当归、香附、益母草配制成“催情散”中草药添加剂 60 克拌 50 千克饲料，饲喂 2~3 天，空怀母兔普遍发情配种。现代药理研究已证明淫羊藿具有促性腺作用，对雌性动物可以使子宫内膜增厚，子宫腔扩大，子宫角和卵巢的重量增加，卵巢黄体和细胞增多。中草药能提高雄性动物的繁殖性能，用其配制成“强精散”中草药添加剂饲喂种公兔，试喂 20 天后，种公兔的精子活力、精子存活率、精子密度、射精量均有极显著的提高，且停药后依然可以保持，同时对云雾状特征、pH 值和精子畸形率无不良影响。增强免疫作用的中草药有：黄芪、商陆、刺五加、穿心莲、茯苓等。用蒲公英、大青叶、板蓝根、金银花、黄芩、黄柏等配成“兔康灵”；用黄芪、穿心莲、吴茱萸、大黄、苦参、白芷、白头翁等配成“肠乐散”；用荆芥、防风、黄芩、大黄、陈皮、半夏、桔梗、黄芪、大青叶等配成“咳喘灵”。这些中草药添加剂均能减少家兔一些常见病的发病率，提高成活率。

抗菌驱虫，保持家兔机体健康。起抗菌作用的中草药很多，常用的有：连翘、板蓝根、黄连、黄柏、紫花地丁、鱼腥草、穿心莲、白头翁等；作为驱虫剂的有：槟榔、大蒜、仙鹤草、常山、苦参等。用益母草、老虎瓜草、苦参、王不留行、苍术、艾叶等复合制成的中草药添加剂“母子壮”，先作用于母兔，再通过母乳作用于仔兔，提高仔兔成活率在19%以上。用山药、神曲、苍术、蒲公英、黄芩、黄柏等组成“保健助长散”添加剂，不仅能替代部分抗生素添加剂，且能提高日增重。用青蒿、常山、白头翁、地榆、苦参等组成“球消散”中药制剂，能驱杀兔球虫，且不产生耐药性。用白头翁、黄柏、黄连、秦皮等组成“泻痢散”，治疗细菌性肠炎有明显疗效。

促进泌乳，改善乳汁品质。根据泌乳母兔产后体质虚弱、代谢旺盛的特点，用王不留行、黄芪、皂角刺、当归、党参等组成“催奶灵散”中草药添加剂，补气养血，通经下乳，改善母兔奶少、无奶、奶汁不下。其增乳机理是通过提高对泌乳活动的调节机能来实现的。

抗应激功能。家兔在饲养过程中，受气候、环境、温度的变化影响，不可避免地产生应激，影响家兔的免疫能力，有时诱发各种疾病。如夏季高温，家兔汗腺又不发达，可用藿香、金银花、板蓝根、苍术、龙胆草，或用山楂、苍术、陈皮、槟榔、黄芩、香蓄、藿香等组成中草药饲料添加剂，发挥它们各自清暑祛热、解毒杀菌、健脾化湿的功能，提高家兔在高温季节的抗热应激能力，以缓解热环境对商品兔生产性能的影响，可使商品兔体重提高8.7%，饲料利用率提高12.4%，且每千克增重的饲料成本与不添加此中草药添加剂对照比较节省8.3%。中草药中可以对动物机体起抗应激作用的还很多，如绞股蓝、苍术、厚朴等。

5. 在家禽养殖业中的应用

对家禽生产性能及繁殖力的影响。在肉鸡、火鸡增重，蛋鸡产蛋量方面的影响，有技术人员实验：用黄柏、板蓝根、大蒜等十味中草药和中草药发酵制剂按一定比例配制的添加剂添加于肉用仔鸡日粮中，试验组的增重、成活率指标高于对照组。有报道介绍：将以芥籽、胡椒、五味子、甘草为主要原料组成的中草药粉剂添饲喂公火鸡，结果发现试验组比对照组可显著提高增重速度。有专家介绍，由当归、黄芪等13味药组成的中草药添加剂以0.1%的剂量添加在海兰白鸡日粮中，产蛋率较对照组提高3.1%，死淘率降低1.1%，并可改善饲料报酬。

对家禽抗热应激和免疫力的影响。有专家使用中草药饲料添加剂后，蛋鸡热应激反应程度减小。并且不同配方的中草药复方效果不同。滑静等(1998)测试了黄芪、淫羊藿与红花合剂作为饲料添加剂对小公鸡免疫机能的影响。结果发现，添加黄芪0.2克/天·只的试验组的T淋巴细胞比值显著高于对照组，免疫器官脾脏、法氏囊重显著高于对照组，这可能与黄芪中所含的生物活性物质免疫多糖及皂甙类有关。淫羊藿与红花合剂各0.2克/天·只有使T

淋巴细胞比值增高趋势，但差异不显著。这可能与淫羊藿与红花含有生物活性多糖有关。

抗病效应。有人用复方中药制剂泻利康（主要由干姜、苍术、黄柏、白头翁等 30 味中药组成）对鸡白痢进行了防治试验，结果表明：泻利康对鸡白痢具有明显的防治作用，预防保护率为 96.7%；对沙门氏杆菌有明显的抑杀作用；对肝、肾、心等主要器官没有损伤，具有一定的保护作用。

对提高家禽产品质量主要有以下作用。

改善鸡肉的品质。有专家用侧柏籽、首乌、黄精、夜交藤等 8 种中草药按一定比例配制的复合中草药添加剂，可提高艾维茵肉鸡肌肉中蛋白质含量，使肉质和汤味口感鲜嫩，减少了腥味。

提高鸡蛋的品质，改善蛋黄色泽。中草药中的许多微量元素及氨基酸等营养成分能被有效地转化到鸡蛋中，中草药制剂可以明显降低鸡蛋胆固醇含量。

改善脂肪的成分。研究人员采用红曲、金银花、杜仲、水飞蓟、山楂等中草药组成复方制剂添加于蛋鸡日粮中，试验 I 组添加 500 毫克 / 千克，试验 Ⅱ 组添加 250 毫克 / 千克，实验结果显示，I、Ⅱ 组蛋黄胆固醇浓度比对照组分别降低了 25.4% 和 17.4%，亚油酸含量 I、Ⅱ 组分别提高了 24.2% 和 17.1%，亚麻酸含量分别提高了 44% 和 36%。

第五章 家畜疫病的防治

第一节 家畜传染病的传染过程和流行过程

一、感染和传染病的概念

病原微生物侵入动物机体，并在一定的部位定居、生长繁殖，从而引起机体一系列的病理反应，这个过程称为感染。感染分为显性感染和隐性感染两种。当病原微生物具有相当的毒力和数量，而机体的抵抗力相对地比较弱时，动物体在临诊上出现一定的症状，这一过程就称为显性感染；如果侵入的病原微生物定居在某一部位，虽能进行一定程度的生长繁殖，但动物不呈现任何症状，亦即动物与病原体之间的斗争处于暂时的、相对的平衡状态，这种状态称为隐性感染。

机体对病原微生物的不同程度的抵抗力称为抗感染免疫，动物对某一病原微生物没有免疫力称为有易感性，病原微生物只有侵入有易感性的机体才能引起感染过程。

凡是由病原微生物引起，具有一定的潜伏期和临诊表现，并具有传染性的疾病，称为传染病。其特征有：

（一）传染病是在一定环境条件下由病原微生物与机体相互作用所引起的；

（二）传染病具有传染性和流行性；

（三）被感染的机体发生特异性反应，即在传染发展过程中由于病原微生物的抗原刺激作用，机体发生免疫生物学的改变，产生特异性抗体和变态反应等；

（四）耐过动物能获得特异性免疫；

（五）具有特征性的临诊表现，即大多数传染病都具有该种病特征性的综合症状和一定的潜伏期及病程经过。

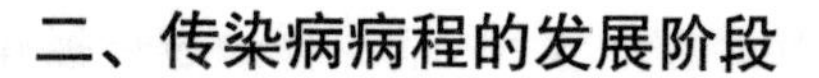

二、传染病病程的发展阶段

传染病的发展过程在大多数情况下可分为潜伏期、前驱期、明显（发病）期和转归期四个阶段。

（一）潜伏期：由病原体侵入机体并进行繁殖时起，直到疾病的临诊症状开始出现为止，这段时间称为潜伏期。不同的传染病其潜伏期也是不同的。

（二）前驱期：特点是临诊症状开始表现出来；但该病的特征症状仍不明显。

（三）明显（发病）期：前驱期之后，病的特征性症状逐步明显地表现出来，是疾病发展的高峰阶段。

（四）转归期（恢复期）：如果病原体的致病性能增强，或动物体的抵抗力减退，则传染过程以死亡为转归。如果动物体的抵抗力得到改进和增强，则机体便逐步恢复健康，表现为临诊症状逐渐消退，正常的生理机能逐步恢复。

三、家畜传染病流行过程的基本环节

传染病在畜群中蔓延流行，必须具备三个相互连接的条件，即传染源、传播途径和对传染病易感的动物。这三个条件统称为传染病流行过程的三个基本环节。

（一）传染源

是指某种传染病的病原体在其中寄居、生长、繁殖，并能排出体外的动物机体。传染源一般可分为两种类型。

1. 患病动物：病畜是重要的传染源。病畜能排出病原体的整个时期称为传染期。

2. 病原携带者：病原携带者是指外表无症状但携带并排出病原体的动物。一般分为潜伏期病原携带者、恢复期病原携带者和健康病原携带者三类。潜伏期病原携带者是指感染后至症状出现前能排出病原体的动物。恢复期病原携带者是指在临诊症状消失后仍能排出病原体的动物。健康病原携带者是指过去没有患过某种传染病但却能排出该种病原体的动物。

（二）传播途径

病原体由传染源排出后，经一定的方式再侵入其他易感动物所经的途径称为传播途径。从传播方式上可分为直接接触和间接接触传播两种。

1. 直接接触传播：是在没有任何外界因素的参与下，病原体通过被感染的动物（传染源）与易感动物直接接触而引起的传播方式。

2. 间接接触传播：必须在外界环境因素的参与下，病原体通过传播媒介使易感动物发生传染的方式称为间接接触传播。间接接触传播一般通过空气、被污染的饲料和水、被污染的土壤、活的媒介物（主要有节肢动物、人类）而传播。

（三）畜群的易感性

易感性是抵抗力的反面，指家畜对于某种传染病病原体感受性的大小。

1. 畜群的内在因素：不同种类的动物对于同一种病原体表现的临诊反应有很大的差异，这是由遗传性决定的。一定年龄的动物对某些传染病的易感性较高，这和家畜的特异免疫状态有关。

2. 畜群的外界因素：各种饲养管理因素（如饲料质量、畜舍卫生、粪便处理、拥挤、饥饿及隔离检疫等）是疫病发生的重要因素。

3. 特异免疫状态：在某些疾病流行时，畜群中易感性最高的个体易于死亡，余下的家畜或已耐过，或经过无症状传染而获得了特异免疫力，因此疫病流行后该地区畜群的易感性降低，疾病停止流行。此种免疫的家畜所生的后代常有先天性被动免疫，在幼年时期也具有一定的免疫力。

四、影响流行过程的因素

疫病的流行过程根据在一定时间内发病率的高低和传播范围的大小可分为散发性、地方流行性、流行性、大流行等四种表现形式。在传染病的流行过程中，传染源、传播媒介和易感动物这三个环节必须存在于一定的外界环境中，与各种自然现象和社会现象相互联系和相互影响着才能实现。影响流行过程的因素有以下三个方面。

（一）自然因素

对流行过程有影响的主要包括气候、气温、湿度、阳光、雨量、地形、地理环境等。

1. 作用于传染源：一定的地理条件（海、河、高山等）对传染源的转移产生一定的限制，成为天然的隔离条件。当某些野生动物是传染源时，自然因素的影响特别显著，在一定的自然地理环境下往往能形成自然疫源地。

2. 作用于传播媒介：如气温的升降、雨量和云量的多少、日光的照射时间等对传染病的发生都有影响。

3. 作用于易感动物：自然因素对易感动物这一环节的影响首先是增强或减弱机体的抵抗力。如在高气温的影响下，肠道的杀菌作用降低，使肠道传染病增加。

（二）饲养管理因素

畜舍的建筑结构、通风设施、垫料种类等都是影响疾病发生的因素。饲养管理制度对疾病的发生也有很大影响。

（三）社会因素

影响家畜疫病流行过程的社会因素主要包括社会制度、生产力和人民的经济、文化、科学技术水平以及贯彻执行法规的情况等。严格执行兽医法规和防治措施是控制和消灭家畜疫病的重要保证。

第二节 家畜传染病的防疫措施

一、防疫工作的基本原则和内容

（一）防疫工作的基本原则

1. 建立和健全各级防疫机构，特别是基层兽医防疫机构，以保证兽医防疫措施的贯彻。

2. 贯彻“预防为主”的方针，搞好饲养管理、防疫卫生、预防接种、检疫、隔离、消毒等综合性防治措施，可提高家畜的健康水平和抗病能力，控制和杜绝传染病的传播，降低家畜的发病率和死亡率。

（二）防疫工作的基本内容

防疫工作的基本内容是综合性的防疫措施，它包括以下两方面内容：

1. 平时的预防措施

（1）加强饲养管理，搞好卫生消毒工作；（2）拟订和执行定期预防接种和补种计划；（3）定期杀虫、灭鼠，进行粪便无害化处理；（4）认真贯彻执行国境检疫、交通检疫、市场检疫和屠宰检验等各项工作，以及发现并消灭传染源；（5）各级兽医机构应调查研究当地疫情分布，有计划地进行消灭和控制，并防止外来疫病的侵入。

2. 发生疫病时的扑灭措施

（1）及时发现、诊断和上报疫情并通知邻近单位做好预防工作；（2）迅速隔离病畜，污染的地方进行紧急消毒；（3）疫苗实行紧急接种，对病畜进行及时和合理的治疗；（4）死畜和淘汰病畜的合理处理。

二、疫情报告和诊断

（一）疫情的报告

饲养、生产、经营、屠宰、加工、运输畜禽及其产品的单位和个人，发现畜禽传染病或疑似传染病时，必须立即报告当地畜禽防疫检疫机构或乡镇畜牧兽医站。同时要迅速向上级有关领导机关报告，并通知邻近单位及有关部门注意预防工作。上级机关接到报告后，除及时派人到现场协助诊断和紧急处理外，根据具体情况逐级上报。

当家畜突然死亡或怀疑发生传染病时，应立即通知兽医人员。在兽医人员尚未到场或尚未做出诊断之前，应采取下列措施：

1. 将疑似传染病病畜进行隔离，派专人管理；

2. 对病畜停留过的地方和污染的环境、用具进行消毒；

3. 兽医人员未到达前，病畜尸体应保留完整；

4. 未经兽医检查同意，不得随便急宰，病畜的皮、肉、内脏未经兽医检验，不许食用。

（二）疫病的诊断

诊断家畜传染病常用的方法有临诊诊断、流行病学诊断、病理学诊断、微生物学诊断、免疫学诊断和分子生物学诊断。

1. 临诊诊断：它是利用人的感官或借助一些最简单的器械如体温计、听诊器等直接对病畜进行检查。

2. 流行病学诊断：（1）本次流行的情况包括最初发病的时间、地点、蔓延情况、当前的疫情分布，疫区内各种畜禽的数量和分布情况、发病畜禽和种类、数量、年龄、性别，其感染率、发病率、病死率；（2）疫情来源的调查；（3）传播途径和方式的调查；（4）该地区的政治、经济基本情况，畜牧兽医机构和工作的基本情况等。

3. 病理学诊断：患各种传染病而死亡的畜禽尸体，多有一定的病理变化，可作为诊断的依据之一。

4. 微生物学诊断：（1）病料的采集：采集病料的器皿尽可能严格消毒，病料力求新鲜；（2）病料涂片镜检；（3）分离培养和鉴定：用人工培养方法将病原体从病料中分离出来；（4）动物接种试验：将病料用适当的方法进行人工接种，然后根据对不同动物的致病力、症状和病理变化特点来帮助诊断。

5. 免疫学诊断：（1）血清学试验：利用抗原和抗体特异性结合的免疫学反应进行诊断；（2）变态反应：动物患某些传染病时，可对该病病原体或其产物的再次进入产生强烈反应。

6. 分子生物学诊断又称为基因诊断，在传染病诊断方面具有代表性的技术主要有三大类：核酸探针、PCR 技术和 DNA 芯片技术。

三、隔离和封锁

（一）隔离

隔离病畜和可疑感染的病畜是防治传染病的重要措施之一。根据临床诊断，必要时进行血清学和变态反应检查，将全部受检家畜分为病畜、可疑感染家畜和假定健康家畜等三类。

1. 病畜：包括有典型症状或类似症状，或其他特殊检查阳性的家畜。

2. 可疑感染家畜：未发现任何症状，但与病畜及其污染的环境有过明显的接触。

3. 假定健康家畜：除上述两类外，疫区内其他易感家畜都属于此类。

（二）封锁

当爆发某些重要传染病时，除严格隔离病畜之外，还应采取划区封锁的措施，以防止疫病向安全区散播和健畜误入疫区而被传染。根据我国《动物防疫法》规定的原则，具体措施有：

1. 封锁的疫点应采取的措施

（1）严禁人、畜禽、车辆出入和畜禽产品及可能污染的物品运出；

（2）对病死畜禽及其同群畜禽，县级以上农牧部门有权采取扑杀、销毁或无害化处理等措施，畜主不得拒绝；

（3）疫点出入口必须有消毒设施，疫点内用具、圈舍、场地必须进行严格消毒，疫点内的畜禽粪便、垫草、受污染的草料必须在兽医人员监督指导下进行无害化处理。

2. 封锁的疫区应采取的措施

（1）交通要道必须建立临时性检疫消毒卡，备有专人和消毒设备，监视畜禽及其产品移动，对出入人员、车辆进行消毒；

（2）停止集市贸易和疫区内畜禽及其产品的采购；

（3）未污染的畜禽产品必须运出疫区时，需经县级以上农牧部门批准，在兽医防疫人员监督指导下，经外包装消毒后运出；

（4）非疫点的易感畜禽，必须进行检疫或预防注射。

3. 受威胁区及其应采取的主要措施

（1）对受威胁区内的易感动物应及时进行预防接种，以建立免疫带；

（2）管好本区易感动物，禁止出入疫区，并避免饮用疫区流过来的水；

（3）禁止从封锁区购买牲畜、草料和畜产品；

（4）对设于本区的屠宰场、加工厂、畜产品仓库进行兽医卫生监督，拒绝接受来自疫区的活畜及其产品；

4. 解除封锁

疫区内最后一头病畜禽扑杀或痊愈后，经过该病一个潜伏期以上的检测、观察，未再出现病畜禽时，经彻底消毒清扫，由县级以上农牧部门检查合格后，经原发布封锁令的政府发布解除封锁后，并通报毗邻地区和有关部门。

四、消毒、杀虫、灭鼠

（一）消毒

根据消毒的目的，分为预防性消毒、随时消毒、终末消毒三种情况，在防疫工作中比较常用的消毒方法有：

1. 机械性清除，如清扫、洗刷、通风等清除病原体。

2. 物理消毒法，如阳光、紫外线和干燥；火烧、煮沸、蒸汽等消毒。

3. 化学消毒法，即用化学药品的溶液来进行消毒，通常采用对该病原体消毒力强、对人畜的毒性小、不损害被消毒的物体、易溶于水、在消毒的环境中比较稳定、不易失去消毒作用、价廉易得和使用方便的消毒剂。常用的有氢氧化钠（烧碱）、生石灰、漂白粉、来苏儿、新洁尔灭、福尔马林等。

4. 生物热消毒，主要用于污染的粪便的无害化处理。在粪便堆沤过程中，利用粪便中的微生物发酵产热，温度达 70℃以上可杀死病毒、病菌、寄生虫卵等而达到消毒的目的。

（二）杀虫

虻、蝇、蚊、蜱等节肢动物都是家畜疫病的重要传播媒介，因此，杀灭这些媒介昆虫和防止它们的出现，对于预防和扑灭家畜疫病有重要的意义。

1. 物理杀虫法：通常用火烧、加热、沸水及蒸汽、机械的拍打等。

2. 生物杀虫法：以昆虫的天敌或病菌及雄虫绝育技术等方法以杀灭昆虫。

3. 药物杀虫法：应用化学杀虫剂来杀虫，常用的杀虫剂有有机磷杀虫剂、敌百虫、倍硫磷等。

（三）灭鼠

鼠类是很多人畜传染病的传播媒介和传染源，灭鼠对保护人畜健康和保护国民经济建设有重大意义。灭鼠的方法大体上有以下两种：

1. 器械灭鼠法：利用各种工具以不同方式扑杀鼠类，如夹、扣、挖等。

2. 药物灭鼠法：依毒物进入鼠体途径可分为消化道药物和熏蒸药物两类。消化道药物主要有磷化锌、杀鼠灵、安妥等，熏蒸药物包括氯化苦、灭鼠烟剂等。

五、免疫接种和药物预防

免疫接种是激发动物机体产生特异性抵抗力，使易感动物转化为不易感动物的一种手段。药物预防是为了预防某些疫病，在畜群的饲料饮水中加入某种安全的药物进行集体的化学预防，在一定时间内可以使受威胁的易感动物不受疫病的危害。

（一）预防接种

在经常发生某些传染病的地区，或有某些传染病潜在的地区，或受到邻近地区某些传染病经常威胁的地区，为了防患于未然，在平时有计划地给健康畜群进行的免疫接种，称为预防接种。根据所用生物制剂的品种不同，采用皮下、皮内、肌肉注射或皮肤刺种、点眼、滴鼻、口服等不同的接种方法，接种后经一定时间可获得数月至一年以上的免疫力。

在进行预防接种过程中应注意以下问题：

1. 根据对当地各种传染病的发生和流行情况的调查了解，要拟定每年的预防接种计划；

2. 注意预防接种后家畜禽产生的不应有的不良反应或剧烈反应；

3. 注意几种疫苗联合使用后可能产生的影响，从而改进防疫方法；

4. 因传染病的不同，需要根据各种疫菌苗的免疫特性来合理制订预防接种的次数和间隔时间，即合理的免疫程序。

（二）紧急接种

紧急接种是在发生传染病时，为了迅速控制和扑灭疫病的流行，而对疫区和受威胁区尚未发病的畜禽进行的应急性免疫接种。疫区和受威胁区的大小视疫病的性质而定，而这一措施必须与疫区的封锁、隔离、消毒等综合措施相配合才能取得较好的效果。

（三）药物预防

畜牧场可能发生的疫病种类很多，防制这些疫病，除了加强饲养管理、搞好检疫诊断、环境卫生和消毒工作外，应用药物防治也是一项重要措施。群体化学预防和治疗是防疫的一个较新途径，某些疫病在具有一定条件时采用此种方法可以收到显著的效果（群体是指包括没有症状的动物在内的畜群单位）。但长期使用化学药物预防容易产生耐药性菌株，影响防治效果，因此目前在某些国家倾向于以疫（菌）苗来防制这些疾病，而不主张采用药物预防的方法。

第三节 人畜共患病

一、布鲁氏菌病

本病是由布鲁氏菌引起的人、畜共患传染病。在家畜中，牛、羊、猪最常发生，且可由牛、羊、猪传染于人和其他家畜。其特征是生殖器官和胎膜发炎，引起流产、不育和各种组织的局部病灶。本病广泛分布于世界各地，我国目前在人、畜间仍有发生，给畜牧业和人类健康带来严重危害。

（一）病原

布鲁氏菌为细小、两端钝圆的球杆菌或短杆菌。本菌有6个种，即马耳他布鲁氏菌、流产布鲁氏菌、猪布鲁氏菌、林鼠布鲁氏菌、绵羊布鲁氏菌、和狗布鲁氏菌。各型布鲁氏菌在形态和染色体上无明显区别。习惯上称马耳他布鲁氏菌为羊布鲁氏菌，流产布鲁氏菌为牛布鲁氏菌。布鲁氏菌对环境抵抗力强，土中存活20~120天，水中存活75~150天，对干燥和寒冷抵抗力强，但对热、湿敏感，煮沸立即死亡。常用消毒药如3%石碳酸、来苏儿、石灰乳均能在数分钟内杀死病菌。

（二）流行病学

本病的易感动物范围很广，主要见于羊、牛、猪，各型布鲁氏菌可交叉感染。三型（羊型、牛型、猪型）布鲁氏菌都对人有易感性，以羊型布鲁氏菌感染后发病较重，猪型次之，牛型最轻。母畜较公畜易感，成畜比幼畜易感。本病的传染源是病畜及带菌者（包括野生动物）。最危险的是受感染的妊娠母畜，它们在流产分娩时将大量布鲁氏菌随着胎儿、胎水和胎衣排出。流产后的阴道分泌物以及乳汁中都含有布鲁氏菌。布鲁氏菌感染的睾丸炎精囊中也有布鲁氏菌存在。本病的主要传播途径是消化道，即通过污染的饲料与饮水而感染。次为皮肤、黏膜及生殖道。本菌不仅可通过损伤的皮肤感染，且还可通过正常无损伤皮肤引起感染。人的传染源主要是患病动物，一般不由人传染于人。在我国，人布鲁氏菌病最多的地区是羊布鲁氏菌病严重流行的地区，从人体分离的布鲁氏菌大多数是羊布鲁氏菌。一般牧区人的感染率要高于农区。患者有明显的职业特征，凡与病畜、污染的畜产品接触频繁的人员，如毛皮加工人员、乳肉加工人员、饲养员、兽医、实验室工作人员等，其感染发病率明显高于从事其他职业的人。

（三）临床症状

牛：潜伏期2~6个月。母牛最显著的症状是流产。流产可以发生在妊娠

的任何时期，最常发生在第6至第8个月，已经流产过的母牛如果再流产，一般比第一次流产时间要迟。流产时除在数日前表现分娩预兆象征，还有生殖道的发炎症状。流产时，胎水多清朗，但有时混浊含有脓样絮片。常见胎衣滞留，特别是妊娠晚期流产的。早期流产的胚胎，通常在产前已经死亡。发育比较完全的胎儿，产出时可能存活但衰弱，不久死亡。公牛有时可见阴茎潮红肿胀，更常见的是睾丸炎及附睾炎。临床上常见的症状还有关节炎，甚至可以见于未曾流产的牛只，关节肿胀疼痛，有时持续躺卧。最常见于膝关节和腕关节。在新感染的牛群中，大多数母牛都将流产一次。

绵羊及山羊：常不表现症状，而首先被注意到的症状也是流产。流产前，食欲减退，口渴，萎顿，阴道流出黄色黏液等。流产发生在妊娠后3或4个月。公羊睾丸炎、乳山羊的乳房炎常较早出现，乳汁有结块，乳量可能减少，乳腺组织有结节性变硬。绵羊布鲁氏菌病可引起绵羊附睾炎。

猪：最明显的症状也是流产，多发生在妊娠4~12周。有的在妊娠第2~3周即流产，有的接近妊娠期满即早产。流产的前兆症状常见沉郁，阴唇和乳房肿胀，有时阴道流出黏性或黏脓性分泌液。流产后胎衣滞留情况少见，少数情况因胎衣滞留，引起子宫炎和不育。公猪常见睾丸炎和附睾炎，较少见的症状还有皮下脓肿、关节炎、腱鞘炎等。

（四）防制

应当着重体现“预防为主”的原则。在未感染畜群中，控制本病传入的最好办法是自繁自养，必须引进种畜或补充畜群时，要严格执行检疫。即将牲畜隔离饲养两个月，同时进行布鲁氏菌病的检查，全群两次免疫生物学检查阴性者，才可以与原有牲畜接触。清净的畜群，还应定期检疫（至少一年一次），一经发现，即应淘汰。畜群中如果发现流产，除隔离流产畜和消毒环境及流产胚胎、胎衣外，应尽快做出诊断、确诊为布鲁氏菌病或在畜群检疫中发现本病，均应采取措施，将其消灭。消灭布鲁氏菌病的措施是检疫、隔离、控制传染源、切断传播途径、培养健康畜群及主动免疫接种。疫苗接种是控制本病的有效措施，目前，我国多选用猪布鲁氏菌2号弱毒活苗（简称S2苗）进行免疫接种，此疫苗对山羊、绵羊、猪和牛都有较好的免疫力，但其属弱毒活苗，仍有一定的剩余毒力，在使用中应做好工作人员的自身保护。布鲁氏菌是兼性细胞内寄生菌，致使化学药剂不易生效，因此对病畜一般不做治疗，应淘汰屠宰。

人类布鲁氏菌病的预防，首先要注意职业性感染，凡在动物养殖场、屠宰场、畜产品加工厂的工作者以及兽医实验室工作人员等，必须严守防护制度，尤其在仔畜大批生产季节，更要特别注意。

二、口蹄疫

口蹄疫是由口蹄疫病毒引起的急性、热性、高度接触性传染病，主要侵害偶蹄兽，偶见于人和其他动物。临诊上以口腔黏膜、蹄部及乳房皮肤发生水疱和溃烂为特征。本病在世界各地均有发生，目前虽有不少国家已消灭了本病，但在非洲、亚洲和南美洲很多国家仍有本病流行。本病有强烈的传染性，一旦发病，传播速度很快，往往造成大流行，不易控制和消灭，带来严重的经济损失。因此，国际兽医局一直将本病列为必须报告的 A 类动物传染病。

（一）病原

口蹄疫病毒属于微核糖核酸病毒科中的口蹄疫病毒属。口蹄疫病毒具有多型性、易变性的特点。根据其血清学特性，现已知有 7 个血型。其病毒在病畜的水疱皮内及淋巴液中含量最高，在水疱发展过程中，病毒进入血液，分布到全身各种组织和体液。在发热期血液内的病毒含量最高，退热后，在奶、尿、口涎、泪、粪便等都含有一定的病毒。口蹄疫病毒能在许多种类的细胞培养内增殖，并产生致细胞病变。其对外界环境的抵抗力较强，不怕干燥。在自然情况下，含毒组织和污染的饲料、饲草、皮毛及土壤等可保持传染性达数周甚至数月之久。

（二）流行病学

口蹄疫病毒侵害多种动物，但主要是偶蹄兽。家畜以牛易感，其次是猪，再次为绵羊、山羊和骆驼。仔猪和犊牛不但易感而且死亡率也高。野生动物中黄羊、鹿、麝和野猪也可感染发病，长颈鹿、扁角鹿、野牛等都易感。性别与易感性无影响，但幼龄动物较老龄者易感性高。病畜是最危险的传染源，在症状出现前，从病畜体内开始排出大量病毒，发病期排毒量最多。在病的恢复期排毒量逐步减少，病毒随分泌物和排泄物同时排出。水疱液、水疱皮、奶、尿、唾液及粪便含毒量最多，毒力也最强，富于传染性。病愈动物的带毒期长短不一，一般不超过 2~3 个月。带毒的牛与猪同居常呈不显性症状，但有些猪的血液中产生抗体。以病愈带毒牛的咽喉、食道处刮取物接种健康牛和猪可发生明显的症状。牧区的病羊在流行病学上的作用值得重视，由于患病期症状轻微，易被忽略，因此在羊群中成为长期的传染源。病猪的排毒量远远超过牛、羊，因此认为猪对本病的传播起着相当重要的作用。从流行病学的观点来看，绵羊是本病的“贮存器”，猪是“扩大器”，牛是“指示器”。隐性带毒者主要为牛、羊及野生偶蹄动物，猪不能长期带毒。口蹄疫是一种传染性极强的传染病，其传播方式可呈跳跃式传播流行，病毒可通过直接或间接的传播方式传播，空气也是本病的重要传播媒介。本病的发生没有严格

的季节性，但其流行却有明显的季节规律，往往在不同地区流行于不同季节。一般冬、春季节较易发生大流行，夏季减缓或平息。口蹄疫的爆发流行有周期性的特点，每隔一两年或三五年就流行一次。

（三）临床症状

由于多种动物的易感性不同，也由于病毒的毒力以及感染门户不同，潜伏期的长短和症状也不完全一致。

牛：潜伏期平均2~4天，最长可达一周左右。病牛体温升高达40℃~41℃，精神萎顿，食欲减退，闭口、开口时有吸吮声，1~2天后，在唇内面、齿龈、舌面和颊部黏膜发生蚕豆至核桃大的水疱，口温高，此时口角流涎增多，呈白色泡沫状，常常挂满嘴边，采食反刍完全停止。水疱约经一昼夜破裂形成浅表的红色糜烂，水疱破裂后，体温降至正常，糜烂逐渐愈合，全身症状逐渐好转。如有细菌感染，糜烂加深，发生溃疡，愈合后形成瘢痕。如果蹄部出现病变时，则病期可延至2~3周或更久。病死率低，一般不超过1%~3%，但在某些情况下，当水疱病变逐渐痊愈，病牛趋向恢复时，有时可突然恶化，导致死亡，这种病型称为恶性口蹄疫，病死率高达20%~50%，主要是由于病毒侵害心肌所致。哺乳犊牛患病时，水疱症状不明显，主要表现为血性肠炎和心肌麻痹，死亡率很高。病愈牛可获得一年左右的免疫力。

羊：潜伏期1周左右，病状与牛大致相同，但感染率较牛低。山羊多见于口腔，呈弥漫性口膜炎，水疱发生于硬腭和舌面，羔羊有时有出血性胃肠炎，常因心肌炎而死亡。

猪：潜伏期1~2周，病猪以蹄部水疱为主要特征，病初体温升高至40℃~41℃，精神不振，食欲减少或废绝，口黏膜形成小水疱或糜烂，蹄冠、蹄叉、蹄踵等部出现局部发红，微热、敏感等症状，不久逐渐形成米粒大、蚕豆大的水疱，水泡破裂后，表面出血，形成糜烂，如无细菌感染，1周左右痊愈。如有继发感染，严重者影响蹄叶、蹄壳脱落，患肢不能着地，常卧地不起。吃奶仔猪的口蹄疫，通常呈急性胃肠炎和心肌炎而突然死亡，病死率可达60%~80%，病程稍长者，也可见口腔及鼻面上有水疱和糜烂。骆驼、鹿与牛的症状大致相同。

防治本病应根据本国实际情况采取相应对策。我国防治口蹄疫的办法是发现口蹄疫后，应迅速报告疫情，划定疫点、疫区，按“早、快、严、小”的原则，及时严格封锁，病畜及同群畜应隔离急宰，同时对病畜舍及污染的场所和用具等彻底的消毒，对受威胁区的易感畜进行紧急预防接种，在最后一头病畜痊愈或屠宰后14天内，未再出现新的病例，经大消毒后可解除封锁。提高易感家畜对口蹄疫的特异性抵抗力，是综合性措施中的一个重要环节。发生口蹄疫时，应立即用与当地流行的病毒型相同的口蹄疫疫苗，对发病畜群中的健畜，疫区和受威胁区内的健畜进行紧急预防注射。在受威胁区周围的地区建立免疫带以防疫情扩散。康复血清或免疫血清用于疫区和受威胁区的家畜，可以控制疫情和保护幼畜。发生口蹄疫后，一般经10~14天自愈。为了促进病畜早日痊愈，缩短病程，特别是为了防止继发感染和死亡，应在严格隔离的条件下，及时对病畜进行治疗。对病牛要精心饲养，加强护理，给予柔软的饲料。对病状较重，几天不能吃的病牛，应喂以麸糠稀粥、米汤或其他稀糊状食物，防止因过度饥饿病情恶化而引起死亡。畜舍保持清洁、通风、干燥、暖和，多垫软草，多给饮水。口腔可用清水、食醋或0.1%高锰酸钾洗漱，糜烂面上可涂以1%~2%明矾或碘酊甘油，也可用冰硼散。蹄部可用3%臭药水或来苏儿洗涤，擦干后涂松馏油或鱼石脂软膏等，再用绷带包扎。乳房可用肥皂水或2%~3%硼酸水洗涤，然后涂以青霉素软膏或其他防腐软膏，定期将奶挤出以防发生乳房炎。恶性口蹄疫病畜除局部治疗外，可用强心剂和补剂，如安那如、葡萄糖盐水等，用结晶樟脑口服，每天2次，每次5~8克，可收良效。

三、狂犬病

本病俗称疯狗病，是由狂犬病毒引起的一种急性接触性传染病，所有温血动物均可感染，人主要通过咬伤受感染，临床表现为脑脊髓炎等症状，也称恐水症。

（一）病原

狂犬病病毒属弹状病毒科的狂犬病病毒属。病毒可被各种理化因素灭活，不耐湿热，56℃时15~30分钟或100℃时2分钟均可使之灭活，但在冷冻或冻干状态下可长期保存病毒，病毒能抵抗自溶及腐败，在自溶的脑组织中可保持活力达7~10天。

（二）流行病学

人和各种畜禽对本病都有易感性。在自然界中，肉食目的犬科和猫科中的很多动物都可感染，尤以犬科动物（犬、狐、狼等）在世界分布甚广，常成为人畜狂犬病的传染源和病毒的贮存宿主。蝙蝠是本病毒的重要储主之一，患狂犬病的犬是使人感染的主要传染源，其次是猫，也有外貌健康而携带病毒的动物可起传染源的作用。本病的传播方式系由患病动物咬伤后而感染。当健康动物皮肤黏膜有损伤时，接触病畜的唾液而感染也有可能。

（三）临床症状

潜伏期的变动很大，这与动物的易感性、伤口距中枢的距离、侵入病毒的毒力和数量有关。一般为2~8周，最短8天，长者可达数月或一年以上。犬、猫、狼、羊及猪平均为20~60天，牛、马30~90天，人为30~60天。各种动物的临床表现皆相似，一般可分为两种类型，即狂暴型和麻痹型。现将各种家畜的症状分述如下。

犬：其狂暴型可分为前驱期、兴奋期和麻痹期。

1. 前驱期或沉郁期：此期约为半天到两天。病犬精神沉郁，常躲在暗处，不愿意和人接近或不听呼唤，强迫牵引则咬畜主，性情与平时不大相同，病犬食欲反常，喜吃异物，喉头轻度麻痹，咽物时颈部伸展。瞳孔散大，反射机能亢进，轻度刺激即易兴奋，有时望空捕咬，性欲亢进，嗅舔自己或其他犬的性器官，唾液分泌逐渐增多，后躯软弱。

2. 兴奋期或狂暴期：此期约2~4天。病犬高度兴奋，表现狂暴并常攻击人畜。此时狂暴的发作往往和沉郁交替出现。病犬疲劳卧地不动，但不久又立起，表现一种特殊的斜视和惶恐表情，当再次受到外界刺激时，又出现一次新的发作。狂乱攻击，自咬四肢、尾及阴部等。病犬常在野外游荡，一天可游荡数十公里以外的地方且多半不归，咬伤人畜，随着病程发展，陷于意识障碍，反射紊乱，狂咬，动物显著消瘦，吠声嘶哑，眼球凹陷，散瞳或缩瞳，下颌麻痹，流涎和夹尾等。

3. 麻痹期：约1~2天。麻痹急剧发展，下颌下垂，舌脱出口外，流涎显著，不久后躯及四肢麻痹，卧地不起，最后因呼吸中枢麻痹或衰竭而死。

整个病程为6~8天，少数病例可延长到10天。

犬的麻痹型或沉郁型为兴奋期很短或轻微表现即转入麻痹期。表现喉头、下颌、后躯麻痹，流涎，张口，吞咽困难和恐水等。经2~4天死亡。

牛：病初见精神沉郁，反刍、食欲降低，不久后表现起卧不安，前肢搔地，有阵发性兴奋和冲击动作，如试图挣脱绳索，冲撞墙壁，跃踏饲槽；磨牙，性欲亢进，流涎等，一般少有攻击人畜现象。当兴奋发作后，往往有短暂停歇，以后再次发作，并逐渐出现麻痹症状，如吞咽麻痹、伸颈、流涎、臌气、里急后重等，最后倒地不起，衰竭而死。

马：病初往往见咬伤局部奇痒，以致摩擦出血，性欲亢进。兴奋时亦冲击其他动物或人，有时将自体咬伤，异食木片和粪便等，最后发生麻痹，口角流出唾液，不能饮食，衰竭而死。

羊：羊的狂犬病例少见。症状与牛相似，多无兴奋症状或兴奋期较短。表现起卧不安，性欲亢进，并有攻击动物的现象。常舔咬伤口，使之经久不愈，末期发生麻痹。

猪：兴奋不安，横冲直撞，叫声嘶哑，流涎，反复用鼻掘地，攻击人畜。

在发作间歇期间，常钻入垫草中，稍有音响即一跃而起，无目的地乱跑，最后发生麻痹症状，约经 2~4 天死亡。

猫：一般呈狂暴型，症状与犬相似，但病程较短，出现症状后 2~4 天死亡。在疾病发作时攻击其他猫、动物和人，因其行动迅速，常接近人，故对人危险性较大。

（四）防制

1. 控制和消灭狂犬病的主要传染源

对狂犬病的控制，对家犬进行大规模的免疫接种和消灭野犬是预防人患狂犬病最有效的措施。在流行区给家犬和家猫进行强制性疫苗普种并登记挂牌是最基本的措施。此外，还应肃清无主野犬，捕杀野生动物特别是狼和狐。应普及防治狂犬病的知识，提高对狂犬病的识别能力。如家犬外出数日，归时神态失常或蜷伏暗处，必须引起注意。邻近地区若已发现疯犬或狂犬病人，则本地区的犬、猫必须严加管制或扑杀。对患狂犬病死亡的动物应将病尸焚化或深埋。

2. 咬伤后防止发病的措施

人被动物咬伤后，应立即采取积极措施防止感染此病，其中包括及时妥善地处理伤口：伤口应用大量肥皂水或 0.1% 新洁尔灭和清水冲洗，再局部应用 75% 的酒精或 2%~3% 碘酒消毒。

个人的免疫接种：在咬人的动物未能排除狂犬病之前，被咬伤者应注射狂犬病疫苗。除被咬伤外，凡被可疑狂犬病动物吮舐或抓伤、擦伤者也应接种疫苗。若咬伤严重者，在接种疫苗的同时还应注射免疫血清。

对咬人动物的处理：凡已出现典型症状的动物应立即捕杀，并将尸体焚化或深埋，不能肯定为狂犬病的可疑动物在咬人后捕获隔离观察 10 天。

3. 免疫接种

对家犬的预防免疫是控制和消灭本病的根本措施。

四、结核病

结核病是由分枝杆菌引起的人畜共患的传染病，其病理特征是在多种组织器官形成结核性肉芽肿（结核结），继而结节中心干酪样坏死或钙化。本病在世界各地分布很广，曾经是引起人畜死亡最多的疾病之一，目前已有不少国家控制了结核病，但在防制措施不健全的地区和国家往往形成地方性流行。我国的人畜结核病虽得到了控制，但近年来发病率又有增长的趋势，是一个应予大力防治的重要疾病。

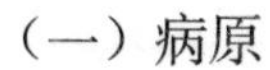

（一）病原

本病的病原是分枝杆菌属的三个种，即结核分支杆菌、牛分支杆菌、禽分支杆菌。分支杆菌为专性需氧菌，生长最适温度为37.5℃。分支杆菌含有丰富的脂类，在自然环境中生存力强，对干燥和湿冷的抵抗力很强，在干痰中存活10个月，在病变组织和尘埃中生存2~7个月或更久，在水中可存活5个月，在粪便和土壤中可存活6~7个月，但对热的抵抗力差，60℃时30分钟即可死亡。

（二）流行病学

本病可侵害人和多种动物，家畜中牛最易感，特别是奶牛，其次为黄牛、牦牛、水牛，猪和家禽易感性也较强，羊极少患病。病人和患病畜禽，尤其是开放型患者是主要传染源，其痰液、粪便、乳汁和生殖道分泌物中都可带菌，污染饲料、食物、饮水、空气和环境而散播传染。本病主要经呼吸道、消化道感染，病菌随咳嗽、喷嚏排出体外，飘浮在空气飞沫中，健康人畜吸入后即可感染。饲养管理不当与本病的传播有密切关系，畜舍通风不良、拥挤、潮湿、阳光不足、缺乏运动最易患病。

（三）临床症状

潜伏期长短不一，短者十几天，长者数月或数年。

牛结核病：主要由牛分枝杆菌引起。结核分支杆菌和禽分支杆菌对牛毒力较弱，多引起局限性病灶且缺乏肉眼变化，即所谓的“无病灶反应牛”，通常这种牛很少能成为传染源。牛常发生肺结核，病初食欲、反刍无变化，但易疲劳，长发短而干的咳嗽，后咳嗽加重，频繁且表现痛苦。呼吸次数增多或发气喘。病畜日渐消瘦、贫血，有的牛体表淋巴结肿大，病势恶化可发生全身性结核，即粟粒性结核。多数病牛乳房被感染侵害，泌乳量减少。肠道结核多见于犊牛，表现消化不良，食欲不振，顽固性下痢，迅速消瘦。生殖器官结核，可见性机能紊乱。孕畜流产，公畜副睾丸肿大，阴茎前部可发生结节、糜烂等。

猪结核病：猪对禽分枝杆菌、牛分枝杆菌、结核分枝杆菌都有感受性，猪对禽分枝杆菌的易感性比其他哺乳动物高，养猪场里养鸡或养鸡场里养猪都可能增加猪感染禽结核的机会。猪感染结核主要经消化道感染，很少出现临床症状。猪感染牛分枝杆菌则呈进行性病程，常导致死亡。

绵羊及山羊的结核病：极少见，据国外资料报道，绵羊有感染牛和禽分枝杆菌者，山羊有感染结核分枝杆菌的病例。一般为慢性经过，无明显临诊症状。

（四）防治

主要采取综合性防疫措施，防治疾病传入，净化污染群，培育健康畜群。以培育健康牛群为例：平时加强防疫、检疫和消毒措施，防止疾病传入。每年春秋季定期进行结核病检疫。发现阳性病畜及时处理，畜群则按污染群对待。污染牛群：反复进行多次检疫，不断出现阳性畜，则应淘汰污染群的开放性病畜及生产性能不好、利用价值不大的结核菌素反应阳性畜。结核菌素反应阳性牛群应定期与经常的进行临诊检查，必要时进行细菌学检查，发现开放性病牛立即淘汰。假定健康牛群：为向健康牛群过渡的畜群，应在第一年每隔三个月进行一次检疫，直到没有一头阳性牛出现为止，然后再在一至一年半的时间内连续进行三次检疫，如果三次均为阴性反应即可改称为健康牛群。加强消毒工作，每年进行 2~4 次预防性消毒，每当畜群出现了阳性病牛，都要进行一次大消毒，常用 5% 来苏儿或克辽林、10% 漂白粉、20% 石灰乳。

五、炭疽

炭疽是由炭疽杆菌引起的一种人畜共患的急性、热性、败血性传染病。其病变的特点是脾脏显著肿大，皮下及浆膜下结缔组织出血性浸润，血液凝固不良，呈煤焦油样。

（一）病原

炭疽杆菌对外界理化因素的抵抗力不强，但芽孢则有坚强的抵抗力，在干燥的状态下可存数十年，150℃干热 60 分钟方可杀死。消毒常用 20% 的漂白粉、0.1% 升汞、0.5% 过氧乙酸。

（二）流行病学

本病的主要传染源是患畜，当患畜处于菌血症时，可通过粪、尿、唾液及天然孔出血等方式排菌，如尸体处理不当，更加使大量病菌散播于周围环境，若不及时处理，则污染土壤、水源或牧场，尤其是形成芽孢，可能成为长久疫源地。本病主要通过污染的饲料、饲草和饮水经消化道感染，但经呼吸道和吸血昆虫叮咬而感染的可能性也存在。在自然条件下，草食动物最易感，以绵羊、山羊、马、牛易感性最强，骆驼和水牛及野生草食动物次之。猪的感受性较低，家禽几乎不感染。人对炭疽普遍易感，但主要发生于那些与动物及畜产品接触机会较多的人员。本病常呈地方性流行，干旱或多雨、洪水涝积、吸血昆虫多都是促进炭疽爆发的因素，例如干旱季节，地面草短，放牧时牲畜易于接近受污染的土壤；河水干枯，牲畜饮用污染的河底浊水或大雨后洪水泛滥，易使沉积在土壤中的炭疽芽孢泛起，

并随水流扩大污染范围。此外，从疫区输入病畜产品，如骨粉、皮革、羊毛等也常引起本病暴发。

（三）临床症状

本病潜伏期一般为 1~5 天，最长可达 14 天。按其表现不一，可分为四种类型。

最急性型：常见于绵羊和山羊，偶见于牛、马，表现为脑卒中的经过。外表完全健康的动物突然倒地，全身战栗、摇摆、昏迷、磨牙，呼吸极度困难，可视黏膜发绀，天然孔流出带泡沫的暗色血液，常于数分钟内死亡。

急性型：多见于牛、马，病牛体温升高至 42℃，表现兴奋不安，吼叫或顶撞人畜、物体，以后变为虚弱，食欲、反刍、泌乳减少或停止，呼吸困难，初便秘后腹泻带血，尿暗红，有时混有血液，乳汁量减少或带血，孕牛多迅速流产，一般 1~2 天死亡。马的急性型与牛相似，还常伴剧烈的腹痛。

亚急性型：也多见于牛、马，症状与急性型相似，常在身体的一些部位发生炭疽痈，初期硬固有热痛，以后热痛消失，可发生坏死或溃疡，病程可长达 1 周。

慢性型：主要发生于猪，多不表现临床症状，或仅表现食欲减退和长时间伏卧，在屠宰时才发现颌下淋巴结，肠系膜及肺有病变。

人感染炭疽潜伏期 12 小时至 12 天，一般为 2~3 天。临床上有三种病型。

皮肤炭疽：较多见，主要在面颊、颈、肩、手、足等裸露部位出现小斑丘疹，以后出现有痒性水疱或出血性水泡。渐变为溃疡，中心坏死，形成炭疽痈，周围组织红肿，全身症状明显。严重时可继发败血症。

肺炭疽：患者表现高热、恶寒、咳嗽、咯血、呼吸困难、可视黏膜发绀等急剧症状，常伴有胸膜炎、胸腔积液，约经 2~3 天死亡。

肠炭疽：发病急，有高热、持续性呕吐、腹痛、便秘或腹泻，呈血样便，有腹胀、腹膜炎等症状。

以上三型均可继发败血症及胸膜炎。本病性严重，尤其肺型和肠型，一旦发生应及早送医院治疗。

（四）防治

预防措施：在疫区或常发地区，每年对易感动物进行预防接种，常用的疫苗是无毒炭疽芽孢苗，接种 14 天后产生免疫力，免疫期为 1 年。

扑灭措施：发生本病应尽快上报疫情，划定疫点、疫区，采取隔离封锁等措施，对病畜要隔离治疗，禁止病畜的流动，对发病畜群要逐一测温，凡体温升高的可疑患畜可用青霉素等抗生素或抗炭疽血清注射，或两者同时注射效果更佳，对发病羊群可全群预防性给药。

消毒：尸体可就地深埋，病死畜躺过的地面应除去表土 15~20 厘米并与 20% 漂白粉混合深埋。畜舍及用具场地应彻底消毒。

封锁：禁止疫区内牲畜交易和输出畜产品及草料，禁止食用病畜乳、肉。

第六章 畜禽养殖污染及治理

第一节 畜禽养殖污染概述

一、农村畜禽养殖污染的内涵

农村畜禽养殖模式逐渐从分散式经营向集约化经营方式过渡，使得大量畜禽养殖粪便得不到有效处理而转化为污染物，给农村的生态环境带来了破坏性的后果。

畜禽养殖污染是农村环境污染中的一个方面，主要表现在畜禽集中饲养过程中所产生的粪便、污水、恶臭及其他废弃物大量排放对农村生态环境所造成的污染与破坏。

在科技水平日益进步与农业生产结构不断调整的过程中，以种植业为主的生产方式现在逐渐向畜牧业转变，畜牧业的比重将会超越种植业成为主导型的产业。农村畜禽养殖业的发展历程经历着从家庭式的农户分散养殖为主到专业饲养户与企业规模化养殖占主要比例的阶段，在农业科技的持续发展与农业实践的不断深入中，农村养殖模式最终会走向集约化与规模化占主导地位的阶段。从全国范围而言，我国已基本形成以各自产业优势为主的畜禽养殖产业带。规模化畜禽养殖业的快速发展在实现农业现代化、增加农民收入以及加快社会主义新农村建设的步伐中扮演着重要的角色，但与此同时，由之而来的大量畜禽污染物对农村生态环境造成破坏性的不利影响，如何有效防治农村畜禽养殖污染？对我国社会建设与农村环境保护乃至全球环境问题的解决都具有深远的影响。

二、农村畜禽养殖污染的种类

（一）土壤污染

土壤是形成于地球表面能为满足植物顺利生长所必需的含有水、肥力、营养元素等的自然物质，土壤质量的优劣直接影响附着在其表面的植物生长状况。畜禽粪便堆放在农田上，畜禽污水渗入土壤表层，可导致原本疏松的土壤空隙堵塞发生板结，土壤的透气性和透水性下降，影响为植物提供营养和水分的功能，土壤质量的下降意味着附着其上的农作物品质及产量的下滑。由于大量使用含添加剂的饲料饲养家禽，饲料中的汞、铅、铜、锌等重金属随着畜禽粪便排出体外而渗入土壤，重金属富集使得土壤无法吸收与消解，由此导致土壤结构与功能的变化，这在某种程度上阻碍了动植物的正常生长，如畜禽粪便中铜元素渗入土壤，铜含量富集将直接被植物吸收，由此影响植物的生长速度，大大降低了植物的产量；如果持续将含有铜元素的畜禽粪便施撒在牧草地上，那么每千克干牧草含铜量在15~20毫克时可使对铜敏感的绵羊发生中毒现象。此外，长期使用畜禽粪便污水灌溉农田会破坏农作物的自然生长规律，影响农作物的产量与质量，造成农田受到污染，土壤质量的降低，危害农作物的生长环境。

（二）水体污染

水体是地球表面形成的各种水域的统称，包括地表水及土壤缝隙和岩石缝隙中的地下水。畜禽养殖者如果不对畜禽粪便及冲洗圈舍的污水进行任何处理就倾倒在邻近的河道或湖泊中，那么污水中含有的氮、磷、钾等化学元素大量聚集便会引起水体的富营养化，在这种情况下，水藻类植物疯狂生长使得水中的溶解氧大量下降，此水体中的水生动物和其他水生植物会窒息而死。更为严重的是，持续大量的排放畜禽养殖污水会使水体发黑发臭，形成死水变成沼泽，水质质量严重下降，超过了水的自净能力不能直接利用，更加剧水生动物如鱼类的死亡。畜禽污水由地表径流渗入地下水循环系统，有毒有害物质隐藏在土壤和岩石细缝中，循环周期长不易被察觉，一旦污染水体将很难治理和恢复，就算通过水体的自净系统，也可能需要几十年甚至几百年的时间才能净化这些有毒有害物质。畜禽污水中含有的病菌、寄生虫等污染物质通过饮水或食物链被人体吸收后，会引起多种传染疾病，危害人类的健康安全。

（三）大气污染

空气是由多种气体混合而成，主要有氮气、氧气、二氧化碳和水蒸气等少量其它气体。某些不属于空气成分的物质进入大气层中，累积到足够的浓度使得原本干净的空气被破坏，有毒有害气体最终会通过呼吸系统威胁到人类健康。具体到畜禽养殖场，其产生的恶臭气体积累到一定浓度则会严重破坏空气质量，因为恶臭的主要成分为氨气、硫化氢、粪臭素、甲烷等具有强烈刺激性气味。正常的空气中含有对动植物生长和人类生存有益的氮气、氧气、少量二氧化碳和其他气体，而畜禽粪便经堆积发酵后产生的大量有毒有害气体进入大气层后会不断扩散并严重破坏空气质量，在多风或空气对流频

繁的区域会在更大范围内对人类和其他生物造成威胁。当污染物大量聚集随着雨雪降落在地球表面，又会转变为水体污染和土壤污染，进一步危害动植物的生长，这样便会形成畜禽粪便、污水、恶臭的恶性循环，使得污染更加难以治理。

第二节 畜禽养殖污染处理方式

一、养殖业污染防治模式和治理技术

传统的养殖业废弃物排放不当造成了严重的环境污染，为解决养殖业环境污染问题，我国开展了很多有意义的养殖业生态产业模式探索及示范，并取得了较好的成绩。这些养殖模式从养殖业污染物产生的源头、产生过程两方面削减、处理、综合利用养殖业废弃物，使养殖场污水、废弃物排放降到最低，取得了良好的环境效益。

目前，我国养殖业采用的污染防治模式主要有猪—沼—果（鱼）、猪—沼—菜（大棚）、鱼—桑—鸡等生态循环模式，沼气及沼气发电为主的废弃物处理及综合利用模式，生产有机肥、动物蛋白的畜禽粪便资源化利用模式。猪—沼—果（鱼）模式是指户建 1 口沼气池，年出栏 3~5 头猪，种 1~2 亩果树或建 1 个鱼池，用沼渣、沼液作为肥料或饲料进入果林或鱼池，形成小规模有机农业。猪—沼—菜（大棚）模式是指户建 1 口 6~8 平方米沼气池，养 2 头以上的猪，配套 1 亩左右的菜地或 0.8 亩大棚，猪粪入池、沼肥种菜，以沼渣做底肥，沼液做追肥，通过沼液叶面喷施来抑虫防病，沼气供农户为大棚照明和取暖。鱼—桑—鸡模式是指池塘内养鱼、塘四周种桑树、桑园内养鸡这种生态养殖模式，鱼池淤泥及鸡粪做桑树肥料，蚕蛹及桑叶喂鸡，蚕粪喂鱼。以沼气发电为主的废弃物处理及综合利用模式是指利用养殖场的沼气照明、消毒、取暖、做饭，或者利用沼气发电，供周围地区居民使用的一种方式。生产有机肥、动物蛋白的畜禽粪便资源化利用模式是指利用畜禽粪便，添加一些秸秆，通过发酵制成有机肥、菌类培养料用于种植业，或利用粪便中的蛋白质生产蚯蚓作为动物的饲料。这些技术在我国江西、浙江、江苏等地均有推广。

废弃物处理及利用技术主要是指将养殖场粪便通过干燥、堆肥、厌氧发酵等技术进行无害化处理，并将处理后的粪便等作为肥料使用。屠宰场废弃物收集和处理主要是指屠宰场污水处理技术，常见的屠宰场污水处理方法有好氧活性污泥法、好氧生物转盘技术、土地灌溉法、沉淀发酵池连续处理法、

串联式生物滤池处理技术和厌氧消化法。新型发酵床养殖技术也称生物环保养殖技术，就是利用新型生物发酵圈舍，在垫料（锯末、稻壳、秸秆、米糠）中加入一定比例的微生物，与畜禽的排泄物混合并持续发酵，达到免冲和节能环保、提高效益的一种养殖方法。目前已被试用和推广到猪、鸡、鹅、鸭场以及其他需要保温除臭的动物饲养业。

二、管理模式与治理模式

（一）管理模式

散养殖户完全自我管理模式。散养殖户普遍生产设备老化、饲养管理粗放、工艺原始、技术落后，机械化、规模化程度低，缺乏积极防疫的意识，防疫隐患大，废弃物处理技术低、处理力度不大。

养殖小区——自我管理＋集中管理模式。养殖小区管理模式和废弃物处理模式相对优于散养殖户，五个“统一”的管理模式保证了废弃物的有效处理。

养殖专业村集中管理模式。由于无统一规划，设计不规范，人畜混居，不同畜禽混养，加上技术与管理跟不上、标准化生产程度低，一旦遇到大的疫病，人畜损失将非常惨重。尤其是没有充分考虑畜禽粪便的处理，致使粪便到处排放，污染非常严重，亟待重点规范。

大规模养殖场（区）——自我管理＋国家管理模式。规模化生产布局有利统一管理，在畜禽管理和废弃物处理方面要优于前述三种模式，但仍存在防疫程序不规范、防疫措施不到位、动物福利观念淡薄等问题。

（二）治理模式

生态循环模式治理废弃物效果明显，有效解决了农村畜禽养殖过程中的环境污染问题，能充分利用畜牧业各个生产环节的有机废弃物，实现农村经济的可持续发展。整体而言，此模式具有广泛的适用性，能够在短期内覆盖全国。沼气及沼气发电已成为畜禽废弃物治理的一条重要途径，是实现生态农业，建设资源节约型、环境友好型社会主义新农村的有效途径。

资源化利用模式中，堆积有机肥可有效改善畜牧业废弃物污染状况，并且大量的用于种植业的养料；种植食用菌可以改良土壤，增加作物产量，实现废物利用，增值增效，良性循环，充分体现了循环经济生态农业的可持续发展；畜禽废弃物的资源化利用具有外部性，个体养殖户出于自身经济条件的考虑不愿意进行利用，只有在发达省份的富裕村，当地的财政进行补贴后才能实行。要大面积地推广上述三种资源化利用模式都需要财政的大力支持。

三、畜禽粪便综合处理和资源化工程分析

集约化养殖场畜禽粪便处理利用，其最大问题是畜禽粪便含水量高、恶臭，加之处理过程中容易发生 NH_3-N 的大量挥发损失，畜禽粪便中含有的病原微生物与杂草种子等，均会对环境构成威胁，因此无害化、资源化和综合利用畜禽粪便是畜禽粪便处理的基本方向。

（一）自然青贮发酵法

鸡粪青贮发酵法制作饲料，即用干鸡粪（因干鸡粪比湿的或半湿的鸡粪好）、青草、豆饼（蛋白质来源）、米糠（促进发酵）按比例装入缸中，盖好缸盖，压上石头，进行乳酸发酵，经 3~5 周后，可变成调制良好的发酵饲料，适口性好，消化吸收率都很高，适于喂育成鸡，育肥猪和繁殖母猪。

用牛粪 30%、鸡粪 30%、麸皮 10%，豆饼 10%、青饲料 20% 及营养盐混合进行青贮发酵可得到优质饲料。

（二）加曲发酵法

鸡粪 70%、麸皮 10%、米糠 15%、曲粉 5% 充分拌匀，密封发酵 48~72 小时。

（三）微生物发酵生产有机肥

利用高效微生物如 EM（有效微生物），调节粪便中的碳氮比，控制适当的水分、温度、氧气、酸碱度进行发酵，生产出有机肥料，用于无公害及有机食品生产。

厌氧堆肥法：在不通气的条件下，将有机废弃物（人畜粪便、植物秸秆）进行厌氧发酵，制成有机肥料。厌氧堆肥法简便、省工，在不急需用肥或劳力紧张的情况下可以采用。一般厌氧堆肥要求封堆后一个月左右翻堆一次，以利于微生物活动，使堆料腐熟。

好氧堆肥法：现代化堆肥工艺大都采用好氧堆肥系统。发酵时以畜禽粪便为主，辅以有机废物（如食用菌废料），在有氧的条件下，通过好氧微生物的作用使有机废弃物达到稳定化，转变为有利作物吸收生长的有机物的方法。

好氧堆肥工艺主要包括堆肥预处理、一次发酵、二次发酵和后处理四个阶段。

（四）畜禽粪便厌氧微生物处理与资源化

畜禽粪便厌氧处理，无论是工艺、技术都已相当成熟。畜禽粪便经过厌氧发酵，可以有效地达到无害化和稳定化。但该技术能否成功地应用，关键在于资源化和二次污染的防止。农业区以畜禽饲养，粪便产沼，沼液沼渣制肥这一套工程为龙头，带动生态农业建设，使洁净的生物能代替烧煤、烧柴，改善环境，促进农牧业发展。

1. 厌氧—PSB—氧化塘工艺

由于不少养殖场缺乏就近还田利用沼液、沼渣的条件，而将他们排入环境仍然会造成严重污染。将厌氧处理、资源化技术与PSB处理、资源化技术和氧化塘生态工程技术结合起来，对畜禽粪便进行处理，可得到进一步降解净化，直至达标排放。

2. 微生物处理与资源化工程系统

在总结工艺的基础上，依据生态学、环境微生物学与环境工程学、肥料学与植物营养学，设计畜禽粪便微生物处理与资源化工程系统，将畜禽粪便作为一种资源，通过微生物的作用，对畜禽粪便降解、转化，同时加以多级开发，变废为宝，从根本上消除畜禽粪便对环境的污染。

（1）畜禽粪便的固液分离。

（2）固体粪便的高效微生物发酵，再饲养蚯蚓，生产优质有机肥。

（3）粪便污水厌氧产沼，回收利用甲烷气、沼液、沼渣做肥料还田。

（4）一部分粪液培养光合细菌，用于农业、水产和环境保护。

（5）利用有余的沼液，采用PSB复合菌群好氧（自然复氧）净化处理。

（6）PSB净化处理液在后继的生物稳定塘中培养水生植物（花卉、蔬菜等），并使处理水达到城市污水排放标准，或用于灌溉。

（7）收获的水生植物除做相应利用外，还可以粉碎后以一定比例投入厌氧发酵装置，提高产沼量，生产饲料（单细胞蛋白）、肥料等产品。

（五）低等动物处理畜禽粪便有机废弃物

采用家蝇、大平2号蚯蚓和褐云玛瑙蜗牛等低等动物，分别喂食畜禽粪、烂残菜叶、瓜果皮、生活垃圾等有机废弃物，通过封闭式培育蝇蛆，立体套养蚯蚓、玛瑙蜗牛，达到处理畜禽粪、生活垃圾的目的，在提供动物蛋白饲料的同时，提供优质有机肥。该方法经济、生态效益显著，但由于前期畜禽粪便灭菌、脱水处理和后期收蝇蛆、饲喂蚯蚓、蜗牛的技术难度大，加之所需温度较高而难以全年生产，故尚未得到大范围的推广应用，随着有关技术的解决，预计该项技术具有良好发展前景。

畜禽粪便处理是在参照和引进国外先进技术，针对我国具体国情和经济状况基础上发展起来的，由于处理难度较大和各地情况差异，目前难有适合全国各地的新型高效处理技术。随着人们生活水平的提高和对环保要求的进一步上升，特别是随着我国生物技术水平的不断提高和有关机械及设备的进一步改进，形成高效低耗畜禽粪便处理技术是完全有可能的。可以预料畜禽粪便的资源化、无害化处理和综合利用是今后畜禽粪便处理的

方向，这将对我国农业可持续发展、农产品产量和品质的提高及对环境污染的治理带来良好效果。

第三节 畜禽养殖业污染治理技术

一、清粪工艺

规模化养殖清粪工艺主要有三种：水冲式、水泡粪和干清粪工艺。水冲式、水泡粪工艺耗水量大，并且排出的污水和粪便混合在一起，给后处理带来很大困难，而且固液分离后的干物质肥料价值大大降低，粪中的大部分可溶性有机物进入液体，使得液体部分的浓度很高，增加了处理难度。采取干清粪方式清理畜禽养殖场，可以减少污水产生量，减轻后续废水处理难度，降低处理成本，提高畜禽粪便有机肥效，从而节约用水，保护环境。现有采用水冲式、水泡粪工艺清粪的养殖场，应逐步改为干清粪工艺。

二、粪便处理技术

当前畜禽粪便处理的主要方法有土壤直接处理、干燥处理、堆肥处理和沼气发酵。

（一）土壤直接处理

土壤直接处理是把畜禽场的固体污物贮存在粪池中，直接用于土地做底肥，使其在土壤微生物作用下氧化分解。此法方便、简单，多为农村散养殖户采用。但粪便中的病菌、硝酸盐含量高，极易造成土壤、地表水、地下水等二次污染，我国畜禽业法律法规明确禁止未经无害化处理的粪便直接施用农田。

（二）干燥处理

干燥处理即利用能量（热能、太阳能、风能等）对粪便进行处理，减少粪便中的水分并达到除臭和灭菌的效果。此法多用于对鸡粪的处理，干燥处理后生产有机肥。

（三）堆肥处理

将畜禽粪便等有机固体废物集中堆放并在微生物作用下使有机物发生生物降解，形成一种类似腐殖质土壤的物质过程。堆肥是我国民间处理养殖场粪便的传统方法，也是国内采用最多的固体粪便净化处理技术，分为自然堆肥和现代堆肥两种类型。贮存在粪池中的粪便，也会进行一部分自然厌氧发酵。

（四）沼气发酵

沼气是利用畜禽粪便在密封的环境中，通过微生物的强烈活动将氧耗尽，形成严格厌氧状态，因而适宜甲烷菌的生存与活动，最终生成可燃性气体。沼气技术将在后面单独论述，这里不进行分析。

不同粪便处理技术各有优缺点，畜禽养殖场应当结合自身具体情况，选择最适合的处理方式。根据实际情况，在一定范围内成立专业的有机肥生产中心，在农村大量用肥季节，养殖场通过各自分散堆肥直接还田；在用肥淡季，有机肥生产中心可将附近养殖场多余的粪便收集起来，集中进行好氧堆肥发酵干燥（尤其是现代堆肥法）制作优质复合肥。

三、废水处理技术

畜禽养殖业废水处理有还田利用、自然生物处理、好氧、厌氧及联合处理和沼气生态工程。

（一）还田利用

畜禽废水还田做肥料是一种传统、经济有效的处置方法，不仅能有效处理畜禽废弃物，还能将其中有用营养成分循环利用于土壤—植物生态系统，使畜禽废水不排往外环境，达到污染物的零排放，大多数小规模畜禽场采用此法。

（二）自然生物处理法

自然生物处理法是利用天然水体、土壤和生物的物理、化学与生物的综合作用来净化污水。其净化机理主要有过滤、截流、沉淀、物理和化学吸附、化学分解、生物氧化及生物吸收等。此法适宜周围有大量滩涂、池塘畜禽场采用。

（三）好氧处理法

利用好氧微生物的代谢活动来处理废水，在好氧条件下，有机物最终氧化为水和二氧化碳，部分有机物被微生物同化产生新的微生物细胞。此法有机物去除率高，出水水质好，但是运行能耗过高，适宜对污染物负荷不高的污水进行处理。

（四）厌氧处理法

在无氧条件下，利用兼性菌和厌氧菌分解有机物，最终产物是以甲烷为主体的可燃性气体（沼气）。厌氧法可以处理高有机物负荷污水，能够得到清洁能源沼气，但是有机物去除率低，出水不能达标。

（五）厌氧—好氧联合处理

联合两种生物处理方式，提高废水处理效率。不同废水处理技术列于下表：

表 6–1 畜禽养殖业废水常用的处理技术

分类处理	处理措施或处理工艺	出水去向	优缺点	备注
还田利用	污水直接灌溉农田	出水还田	经济，但容易污染土壤和地下水	污染环境
自然生物处理法	氧化塘和养殖塘、土地处理和人工湿地等	出水还田或排入地表水或进入地下水	投资小，东西消耗少；占地面积大，净化效率相对较低，容易污染地表水和地下水	可实现污水的资源化利用
好氧处理法	氧化塘、土地处理、活性污泥法、生物滤池、生物转盘、生物接触氧化、SBR、A/0 及氧化沟等	出水还田或排入地表水，生产的污泥还田	COD、BOD、SS 去除率较高，可达到排放标准。但氮、磷去除率低，且工程投资大，运行费用高	实际单独应用较少
厌氧处理法	厌氧滤器（AF）、上流式厌氧污泥床（UASB）、污泥床滤器（UBF）、升流式污泥床反应器（USR）、内循环厌氧反应器（IC）、完全混合式厌氧反应器（CSTR）、两段厌氧硝化法	出水还田或排入地表水，产生的沼气作为能源	自身能耗少，运行费用低，且产生能源，但 BOD 处理效率低，难以达到排放标准，且产生硫化氢、氨气等恶臭污染物	实际应用多，UASB、USR 作为核心工艺
厌氧—好氧联合处理	厌氧污泥床（UASB）+生物接触氧化或活性污泥法 + 氧化塘	出水灌溉、养殖或达标排入地表水，产生的沼气作为能源	投资少，运行费用低，净化效果好，综合效益高	

表 6-2 畜禽养殖业废水常用处理技术经济、技术、环境指标

分类处理	处理措施处理工艺或关键处理单元	经济指标		技术指标	环境指标
		投资费用	运行费用	出水水质	环境效益
还田利用	污水直接灌溉农田	无	很低	污染物浓度很高	极易产生恶臭和地下水污染
自然生物处理法	氧化塘和养殖塘、土地处理和人工湿地等	很低	较低	较好	易产生臭气、地下水污染
好氧处理法	氧化塘、土地处理、活性污泥法、生物滤池、生物转盘、生物接触氧化、SBR、A/0 及氧化沟等	较高 10.0 元 / 吨	高 46.6 元 / 吨	COD1%~98% BOD57.2%~95% TN67%~74% TP34%~42%	较好
厌氧处理法	厌氧滤器（AF）、上流式厌氧污泥床（UASB）、污泥床滤器（USR）、内循环厌氧反应器（IC）、完全混合式厌氧反应器（CSTR）、两段厌氧消化法	低 9.9 元 / 吨	低 1.0~2.0 元 / 吨	COD80%~90% BOD75%~90% TN30%	易产生臭气
厌氧一好氧联合处理	厌氧污泥床（UASB）+ 生物接触氧化或活性污泥法 + 氧化塘	较低 17.3 元 / 吨	较低 0.14~26 元 / 吨	COD95% BOD90% TN90% TP90%	较好

综合来看，直接还田和自然生物处理法所需投资、运行费用低，适宜养殖规模小且有大量土地、滩涂、池塘地区采用，但需注意土壤及地表水、地下水污染。而大中型规模养殖场区污水生产量大、污染物浓度高，需根据不同条件采用厌氧、好氧或者联合处理工艺才能使污水处理达标。

四、规模化养殖场粪污处理工艺

目前规模化养殖场的粪污多采用以生物处理为主的方法加以处理，其中，以沼气处理技术为核心的处理模式，其所有的处理技术过程符合生态学规律，运行成本较低，且能产生清洁能源，使得粪便、污水实现资源化利用，是规模化养殖场处理畜禽养殖污染物的首选工艺。

根据不同的养殖规模、资源量、污水排放标准、投资规模和环境容量等

条件，畜禽场沼气工程项目的工艺流程有三种典型处理方式。

（一）能源生态型

1. 工艺适用条件

养殖场规模：中小型养殖场规模，年出栏5000头以下的猪场，或沼气资源量相当的养牛场、养鸡场，日处理污水量50吨以下。

养殖场周围应有较大规模的农田、果园、蔬菜地或鱼塘，可供沼液、沼渣的综合利用。

沼气用户与养殖场距离较近。

养殖场周围环境容量大，环境不太敏感和排水要求不高的地区。

2. 工艺特点

畜禽粪便污水可全部进入处理系统，进水COD在10 000~20 000毫克/升。

厌氧工艺可采用全混合厌氧反应器（CSTR）、厌氧接触反应器（ACR）、升流式污泥床反应器（USR）。有机负荷1~2.5千克COD/（立方米·天），HRT为8~10天，COD去除率75%~85%，池容产气率0.6~1.0立方米/（立方米·天），厌氧出水COD在1500~3000毫克/升。

沼气利用方式：民用或小规模集中供气。

沼液、沼渣进行综合利用，建立以沼气为纽带的良性循环生态系统，提高沼气工程的综合效益。

3. 优点

（1）工艺简单，管理、操作方便。

（2）沼气的可获得量高。

（3）工程投资少，运行费用低，投资回收期短。

4. 缺点

（1）工艺处理单元的效率不高。

（2）处理后的浓度仍很高，易污染周围环境。

（3）污染物就地消化综合利用，配套所占用的土地资源多。

（二）能源环保型

1. 工艺适用条件

（1）养殖场规模;存栏10 000~100 000头的猪场，以及资源量相当的奶牛场、养鸡场。日处理量100~1000吨，甚至1000吨以上。

（2）排放要求高的城市郊区。

2. 工艺特点

（1）养殖场必须实行严格清洁生产，干湿分离，畜禽粪便直接用于生产有机肥料，冲洗污水和尿进入处理系统，进水COD在5000~12 000毫克/升，氨氮在 500~1000 毫克 / 升。

（2）污水必须先进行预处理，强化固液分离，沉淀，严格控制 SS 浓度。

（3）厌氧工艺可采用升流式厌氧污泥床反应器（UASB）或厌氧膨胀污泥床反应器（EGSB）。有机负荷 2.5~5 千克 COD/（立方米 · 天），HRT=3 天，COD 去除率 80%~85%，池容产气率 1.0 立方米 /（立方米 · 天），厌氧出水 COD 在 700~1000 毫克 / 升。

（4）好氧处理工艺采用序批式好氧活性污泥法（SBR）反应器，在去除 COD 的同时，具有除磷脱氮效果，一般设两个反应器，交替曝气运行，每沉淀周期有进水、曝气、沉淀、灌水、闲置五个过程，每周期一般 8 小时，HRT 为 2~3 小时，污泥负荷 0.08~0.15 千克 BOD/（千克 MLSS · 天），容积负荷 0.2~0.5 千克 BOD/（立方米 · 天），COD 去除率 90%~95%，氨氮去除率 95% 以上。此外该工艺自动化程度要求高，工艺运行技术参数可视实际情况灵活调整。

（5）出水达到畜禽养殖业污染物排放标准（GB18596~2001）。

（6）厌氧、好氧产生的污泥经浓缩、机械脱水压成含水率为 75%~80% 的泥饼，可用于制作有机肥。

（7）沼气利用方式：发电、烧锅炉或肥料烘干。

（8）有机肥的生产应优先采用好氧连续式生物堆肥工艺。

3. 优点

（1）沼气回收与污水达标、环境治理结合的较好，适用范围广。

（2）工艺处理单元的效率高，工程规范化，管理、操作自动化水平高。

（3）对 COD、NH_3-N 的去除率高，出水能达标排放。

（4）有机肥料开发充分，资源得到综合利用。

（5）对周围环境影响小，没有二次污染。

4. 缺点

（1）工程投资较大，运行费用相对较高。

（2）管理、操作技术要求高。

（3）由于猪粪直接生产有机肥，沼气的获得量相对较少。

（4）占地面积较大。

（5）能源消耗大，净收益率低。

（三）热、电、肥联产零排放型

1. 工艺适用条件

（1）养殖场规模：存栏量 10 000 头以上，实行干清粪的大中型猪场，或资源量相当的养牛场、养鸡场。

（2）周边有足够的农田、果园、饲料地等可以消纳沼肥。有配套的有机肥料厂，将高浓度的沼液、沼渣加工成商品有机肥。

2. 工艺特点

（1）养殖场粪尿分开，控制冲洗水及尿液加入量，控制厌氧进料的 TS 浓度。

（2）发酵物浓度高，一般 TS 在 8%~12%，减小了装置规模，节省了用于物料增温的能耗，减少了沼肥的运输量，产气率可达 1~2 立方米 /（立方米米 · 天）。

（3）采用厌氧罐内搅拌，增强了罐内传质。

（4）产气、储气一体化，节省工程投资。

（5）脱硫工艺采用生物脱硫，比传统化学脱硫降低运行成本 70%。

（6）实现热电联供，余热用于冬季厌氧罐增温和蔬菜大棚供暖。夏季余热用于沼渣干化，生产有机肥料，净能源输出率≥ 90%。

（7）发酵后得到高浓度有机肥，并充分利用，实现废弃物零排放。

3. 优点

（1）发酵原料浓度高，产气率高，用于物料增温的能耗少，降低了沼肥的运输量。

（2）采用先进的搅拌工艺及设备，罐内传质增强，减少了死区，解决了易酸化和易结壳等问题。

（3）产气、贮气一体化结构节省了工程投资。

（4）实现热电联供，余热用于冬季厌氧罐体增温，保证了系统全年正常稳定运行。

4. 缺点

（1）工程规模大，投资较大。

（2）需要有足够的农田、果园或饲料地等消纳沼液沼渣，对配套设施要求高。

（四）干发酵工艺

1. 干发酵发展情况

沼气干发酵是指以秸秆、畜禽粪便等有机废物为原料（干物质浓度在 20% 以上），利用厌氧菌将其分解为甲烷、二氧化碳、硫化氢等气体的发酵工艺。沼气干发酵由于其发酵的干物质浓度高而导致的进出料难、传热传质不均匀、酸中毒等问题，是沼气干发酵的技术难点，对此国内外都进行了深入的研究。从 20 世纪 40 年代起，德国、法国和阿尔及利亚就开始运用批量式沼气干发酵技术。20 世纪 90 年代，德国大量资助新型的间接式干发沼气发酵技术的研究，并与 2000 年投入实际运行。

目前，国外沼气干发酵技术已经相对成熟，如车库型干发酵系统已经投入生产性应用，可进行规模化的沼气生产。

2. 干发酵产气效果

国外大量研究结果表明，沼气干发酵产气效果良好。M.kottner利用车库型沼气干发酵系统，以牛粪在中温（35℃）发酵，沼气干发酵开始后的2~5天后产气趋于稳定，甲烷含量保持在60%~65%，产气高峰在10~28天内。F.kaiser等利用德国Bioferm公司的车库型干发酵系统进行中温发酵，牛粪产气率为218.48升/千克TS，饲草的产气率为191.36升/千克TS，绿化废弃物的产气率为188.64升/千克TS，产气高峰都在前30天内。

3. 干发酵造肥效果

营养成分是评价沼气干发酵造肥效果的一个重要方面。大量研究结果表明，沼气干发酵过程营养成分损失少，沼气干发酵、水压式沼气发酵、敞口沤肥、堆肥的全氮保存率分别为91.7%、88.8%、74.9%和69.5%。而且，干发酵多采用高温工艺，杀卵灭菌效果好。

沼气干发酵技术能够保证畜禽粪便和作物桔梗在干物质浓度较高的情况下正常发酵，目前已在欧洲等国家开始生产应用。随着我国沼气技术的发展，大型干发酵将成为处理畜禽废弃物和农业废弃物的重要选择。

第四节 沼气与沼渣利用

一、沼气发电

目前，在大中型畜禽场有许多成功应用沼气发电的实例，其所发电力可为自用或者并网，所采用的发电机组有两种形式：一是双燃料发电机组，二是单燃料发电机组。日产气量少的可采用双燃料发电机组，大型沼气工程采用热电联供用单燃料发电机组。

从发酵罐中出来的沼气通常含有氢气、氧气、水蒸气等杂质，且流量不太稳定，不能直接用于发电机组。要经过脱硫、脱水等净化处理，为调节峰值，需设贮气柜。沼气的热值在20~23千焦/立方米左右。根据经验，国产机组1立方米沼气（CH_4含量55%~65%之间）可发电1.7千瓦时左右，电效率在30%~35%之间；国外机组可以达到2.0~2.2千瓦时，电效率35%~42%，总效率在85%以上。

（一）沼气发电的特点

发电机组可回收利用的余热有缸套水冷却系统和烟气回收系统。另外，

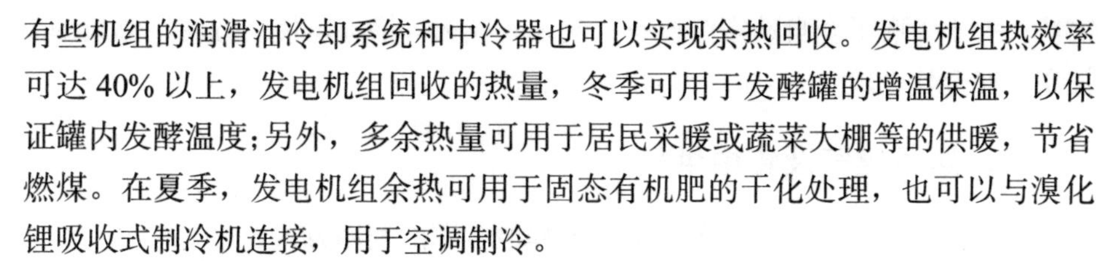

有些机组的润滑油冷却系统和中冷器也可以实现余热回收。发电机组热效率可达40%以上，发电机组回收的热量，冬季可用于发酵罐的增温保温，以保证罐内发酵温度;另外，多余热量可用于居民采暖或蔬菜大棚等的供暖，节省燃煤。在夏季，发电机组余热可用于固态有机肥的干化处理，也可以与溴化锂吸收式制冷机连接，用于空调制冷。

（二）发电机组成

沼气发电是一个能量转换过程——沼气经净化处理后进入燃气内燃机，燃气内燃机利用高压点火、涡轮增压、中冷器、稀薄燃烧等技术，将沼气中的化学能转换为机械能。沼气与空气进入混合器后，通过涡轮增压器增压，冷却器冷却后进入气缸内，通过火花塞高压点火，燃烧膨胀推动活塞做功，带动曲轴转动，通过发电机送出电能。内燃机产生的废气经排气管、换热装置、消音器、烟囱排到室外。根据德国沼气工程的经验，大型沼气发电机组均采用纯沼气的内燃发动机，中小型的工程多采用双燃料（柴油 + 沼气）的发动机。

1. 发电机

发电机将发动机的输出转变为电力，而发电机有同步发电机和感应发电机两种。同步发电机能够自己发出电力作为励磁电源，因此它可以单独工作。

2. 余热回收

发电机组可利用的余热有中冷器、润滑油、缸套水和烟道气等。有些余热利用系统只对后两部分回收利用，有些则可实现上述四部分回收利用。经过一系列换热，可以从机组得到90℃的循环热水47.5立方米 / 时，供热用户使用。使用完后，循环水冷却至70℃左右，重新进行余热回收系统进行增温。热水由分水器分配至各处热用户。

二、沼气锅炉

在畜禽沼气工程中，沼气锅炉的主要用途是用于厌氧罐冬季增温和为场内生产和生活供热或蒸汽，可采用热水锅炉，也可采用蒸汽锅炉，主要取决对热能形式的需要。沼气锅炉的热效率较高，一般在90%以上，即沼气锅炉能把沼气中90%以上能量转换为热水或蒸汽加以利用，高于其他沼气应用方式的转换效率。

在使用沼气作为锅炉燃料时有两种情况，第一种，在沼气产量不很充足时，将沼气作为辅助燃料，与煤进行混燃。通常在普通煤锅炉上改装，选择或制造适合该锅炉的沼气燃烧器，其优点是安全性好，并能提高燃煤效率。而缺点是如果脱硫不干净，有可能损伤锅炉。第二种是采用专门设计的燃气锅炉，由于采取了全自动安全检查、吹风、点火等措施，使用方便，热效率较高，安全性也较好。

三、居民燃气及集中供气

沼气作为民用燃料是畜禽场沼气工程最常用的利用方式。

沼气的热值常在5000~6000千焦/立方米，高于城市煤气而低于天然气，是一种优良的民用燃料。沼气在经过净化、脱水和过滤后通过沼气输送管道进入用户，整个输配气系统类似于城市煤气，但由于沼气的燃烧速度较低，其燃烧器需要专门设计或到专用设备厂商购买，一般采用大气式燃烧器，燃烧器的头部一般均为圆形火盖式，火孔形式有圆形、方形、梯形、缝隙形。

一个5000头猪场的沼气工程，冬季除去用于厌氧罐自身加热增温外，沼气可供200~300户集中供气使用。

四、沼液综合利用

将沼气发酵料液作为一般农家有机肥使用已经普及。沼液作为蔬菜生产肥料有很大的作用，它可以提高蔬菜产量和品质、提高作物的抗病能力、提高种子发芽率、提高抗冻性等。

沼液成分相当复杂，在沼液中不仅有沼气微生物未利用的原料，即“残留物”，还有微生物的代谢产物。这些产物可分为三大类：第一类是作物的营养物；第二类是一些金属或微量元素的离子；第三类是对生物生长有调控作用、对某些病毒有杀灭作用的物质。这些代谢产物的农业利用开拓了沼气综合利用的新领域，在此基础上开展一些新的利用方法研究与实践，如沼液浸种、沼液叶面喷施、沼液水培、沼液喂猪、沼液养鱼等。

五、沼渣利用

沼渣含有较全面的养分和丰富的有机物，除了含有丰富的氮、磷、钾、和大量的元素外，还含有对作物生长起重要作用的硼、铜、铁、锰、锌等微量元素，是一种具有改良土壤功效的优质肥料。连年施用沼气渣肥的试验表明，使用沼渣的土壤中，有机质与氮磷含量都比未施沼渣肥的土壤有所增加，而土壤容重下降，孔隙率增加，土壤的理化性状态得到改善，保水保肥能力增强。

第七章　畜牧业信息化发展趋势
——智慧畜牧业

畜牧业在我国国民经济中占有重要地位，信息化是当今世界发展的大趋势，是经济社会变革的重要推力。两点加起来促使党和国家制定了尽快由传统畜牧业向现代畜牧业转变的重大战略目标。

畜牧业要走向现代化，首先要实现生产和管理的信息化、数字化和智慧化。

第一节　智慧畜牧业发展概述

一、定义

智慧畜牧业是数字技术与智能畜牧业技术相结合的畜牧业生产管理技术系统。智慧畜牧业是以信息采集技术、计算机技术、网络通信技术、电子信息工程技术等一批信息高技术为支撑，实现畜牧业生产过程全面数字化，即：畜禽生产过程数据信息获取的实时性和标准化、数据传送网络化、数据处理模型化、精细饲养过程自动化、决策管理智能化、市场消费可追溯化。

智慧畜牧业是一项集地球科学、信息科学、计算机科学、空间对地观测、数字通讯、畜牧业资源、畜牧业管理、畜牧业保护和开发等众多学科理论、技术于一体的专业科学体系，是由理论、技术和工程构成的三位一体的庞大的系统工程。智慧畜牧业是以信息获取的自动化（Collection），信息传播的网络化（communication），信息分析处理的智能化（computation），实施过程的定量化控制（Control）为技术特征。

二、物联网智慧畜牧业发展的重要性

智慧畜牧业能实施精确畜牧业，是解决我国畜牧业由传统畜牧业向现代畜牧业发展过程中所面临的确保农产品总量、整合农业信息资源、调整畜牧业产业结构、改善农产品质量、资源严重不足且利用率低、环境污染等问题

的有效方式。

三、基于物联网的智慧畜牧业系统应用优势

物联网在智慧农牧业生产、运输及消费环节中的应用前景十分广阔。

畜牧业生产需要采集大量信息以达到畜禽生长的最佳条件，而由无线传感器网络组成的物联网系统则有助于实现畜牧业生产的标准化、数字化、网络化。将无线传感器网络布设于牧场、圈舍、食槽等目标区域，网络节点大量实时地收集温度、湿度、光照、气体浓度等物理量，精准地获取各种信息，这些信息在数据汇聚节点汇集，为精确调控提供了可靠依据。网络对汇集的数据进行分析，帮助生产者有针对地投放畜牧业生产资料，智慧地控制温度、光照、换气等，从而更好地实现牧场资源的合理高效利用和畜牧业的现代化精准管理，使得畜牧业生产效能提升。与此同时，智慧畜牧业技术与应用的发展，将为电信运营商、终端商等物联网服务企业提供新的、可供发掘的巨大潜在市场。

第二节 智慧畜牧业发展现状

一、国际智慧畜牧业发展

从畜牧业生产要素角度来看，国际畜牧业发展方式可分为：一是美国和俄罗斯等人少地多的国家，大力发展以机械技术为依托的劳动力替代技术，走劳动力节约的发展道路；二是日本和荷兰等人多地少的国家，大力发展资源替代技术，利用信息、生物、化学技术弥补不足，走资源节约的道路；三是英国和德国等人地比例中等的国家，既用智能机械替代劳动力，也用信息、生物、化学技术弥补不足，走综合提高生产率的道路。无论哪种发展形式，各国无一例外地把科技进步和创新作为提高畜牧业产业链竞争力水平的重要战略，采取一系列有效的政策措施积极推进。

研究和实践也表明，现代经济竞争已不是单个生产环节和单独产品的竞争，而更多地表现在整个产业链之间的竞争。中国畜牧业的发展应从产业链角度来提升竞争力，这就需要借助科技对畜牧业全产业链进行升级转型。

很早中央就提出，要着力突破传感网、物联网关键技术，及早部署后 IP 时代相关技术研发，使信息网络产业成为推动产业升级、迈向信息社会的“发动机”。这拉开了全面建设中国物联网的序幕，也为物联网在畜牧业领域的应用提供了契机和动力，现代智慧畜牧业可望迎来新的春天。

物联网（The Internet of Things）是通过各种信息传感设备，如传感器、RFID、全球定位系统、红外感应器、激光扫描器、气体感应器等各种装置与技术，实时采集任何需要监控、连接、互动的物体或过程，采集其声、光、热、电、力学、化学、生物、位置等各种需要的信息，与互联网结合形成的一个庞大网络。

物联网是一项全新的技术，是在计算机、通信技术、传感技术、网络技术以及信息处理技术发展到今天产生的集成性创新技术。畜牧业物联网核心是通过物联网技术实现农产品生产、加工、流通和消费等信息的获取，通过智能畜牧业信息技术实现畜牧业生产的基本要素与畜禽管理、畜禽饲养、疫病预警及农民教育相结合，提升畜牧业生产、管理、交易、物流等环节智能化程度。

二、我国智慧畜牧业发展现状

智慧畜牧业是我国畜牧业未来发展的基本方向。根据我国畜牧业发展的指导思想，确定智慧畜牧业的总体发展目标为：畜牧业的所有环节全面数字化即畜禽生产、信息管理、质量追溯、预警预报等环节全面实现数字化，实现畜牧业生产管理由粗放向精准的转变，保持畜牧业的可持续发展。

我国智慧畜牧业发展的基础：①从家畜个体的编码与标识，生产过程的数据采集与传输，家畜个体的精细饲养控制，到畜产品全程质量安全溯源等环节，制定了相应的标准与规范，获得了相应的智能控制平台；②有些发达地区已实现草食家畜数字化育种、饲料营养、疾病防治、加工流通等环节的监控技术，逐渐形成支撑草食家畜产业化发展的技术体系；③卫星遥感、地理信息技术在草地资源调查、牧区雪灾、火灾和草地资源动态监测中应用；④各地区畜牧兽医信息网络已具雏形，基本实现了办公网络化，启动了宏观预警和专家网上咨询，开展了网上信息服务。

但总体上来讲，我国智慧畜牧业的基础设施建设还处在初级阶段，智慧畜牧业关键技术还处在研究和实验阶段。

三、智慧畜牧业发展的关键

开展智慧畜牧业研究的关键在于数据信息采集的电子化，数据处理的自动化，数据分析的快捷化，统计结果的准确化。尤其畜牧业生产过程控制系统中，应该实现各个环节准确、无误、快捷、高效的运行机制，是一个复杂的系统工程，必须联合攻关。其与自动化专业联合开发数据采集系统，与计算机专业联合开发软件，与网络工程专业联合开发传输系统，通过消除信息孤岛、创建大型网络平台，促进畜牧业数字化。

1. 突出农牧民增收是智慧畜牧业建设的主线

智慧畜牧业是专业化、规模化发展的畜牧业，有利于提高农牧民素质、转移农村富余劳动力，是农牧民增收的重要产业，如果没有增收这一保障，该项事业不会持续。

2. 政府要在智慧畜牧业建设中发挥主导作用

各级政府应加大对畜牧业的支持力度，不仅出台加速畜牧业发展的政策，而且加大资金和技术的投入，为我国未来畜牧业的持续增长提供良好的发展环境。

第三节 智慧畜牧业的未来

一、我国智慧畜牧业发展的规划

1. 建立数字化畜牧业服务体系

依托电信公用数据网络，建立畜牧业经济发展的综合网络信息资源平台，向社会和用户提供全面的畜牧业信息服务网络。具体包括：

（1）畜牧业信息数据库。实现上至有关部委，下至市县各级数据库的纵向、横向互联、互通、资源共享。

（2）畜牧业信息资源采集系统。大力发展各级畜牧管理机构等信息终端，形成顺畅的各类信息采集渠道，形成统一规范的市场价格、科技、政策、生产、资源环境等信息采集系统。

（3）畜牧业信息资源加工、发布、管理系统。应用现代化信息技术对畜牧信息资源进行深度开发利用，开展网络畜牧信息的自动采集专业搜索引擎，建立畜牧数字化信息采集、加工、处理和发布一体化实用系统及多媒体服务系统平台。

（4）畜牧业专家咨询决策系统。具体内容是建设畜牧业宏观预警、饲养管理、疫情防治和实用技术系统。

（5）多媒体畜牧业技术推广系统。通过计算机网络的文本、图形、声音、动画和视频信息交织组合方式，把先进实用的畜牧技术以简单、易懂、易学的方式表现出来，让农民容易接受。

（6）畜产品供求分析预测系统。对主要产品供求、价格、进出口贸易实施监测与分析。

（7）畜产品、畜牧业生产投入品网上交易系统。依托畜牧兽医在线信息

资源平台，建设畜牧产品、畜牧业投入品网上交易系统，实现产销直接见面，提高经济效益。

2. 建立智能化畜牧宏观管理体系

国家正在扩大畜牧信息管理及决策支持系统的应用，以实现电脑、电视、电话三网合一，具备八大功能，即在线办公、专家在线技术咨询、数据自动统计汇总、信息采集和发布、GIS 畜牧信息动态显示、电话语音点播、电视节目点播和微机智能诊断，为养殖户提供零距离畜牧业信息服务，建设数字畜牧业大平台。

构建精细养殖技术平台，包括个体信息管理系统、繁殖动态监测系统、饲养与饲料系统、疾病与防疫系统（数字化疾病诊断、畜牧业风险和公共安全预警预报系统）、生产管理系统（畜禽生产过程数字化与可视化）、质量安全追溯系统（空间定位、个体识别、食品检测监测）。

3. 树立长远智慧畜牧业发展观

畜牧业全面数字化的实现可能需要 30~50 年。发展智慧畜牧业是从经济发达地区开始，然后向经济落后地区渗透扩展，最后全面实现数字化。智慧畜牧业的实现是从精细养殖业和网络化信息管理开始，逐步向数字化生产、数字化管理等方向发展，最后实现畜牧业全环节数字化。

二、智慧畜牧业的关键技术

展望未来，国家已经明确提出了发展物联网“感知中国”的宏伟战略目标，这也为构建畜牧业物联网“感知畜牧业”指明了方向。物联网在畜牧业上的应用必将越来越广泛和重要，一批关键畜牧业信息感知技术和新兴产业培育问题也可望实现突破。未来智慧畜牧业领域的重点是朝着低成本、可靠性、节能型、智能化和环境友好型等五大方向发展，以期实现以下四个目标：

1. 畜产品养殖环节精细化

精细畜牧业是利用 3S，即全球定位系统（GPS）、地理信息系统（GIS）、遥感（RS）的差异对畜禽精确到每一个体的一整套综合畜牧业管理技术，实现牧场、圈舍操作的自动指挥和控制。在检测阶段，通过采用高精度采食传感器，依据个体情况和上次进食情况利用大数据分析做到精准投食，不但能有效提高畜牧业饲养饲料使用率，缓解资源日趋紧张的矛盾，并且为畜禽提供了更好的生长环境，充分发挥现有节食设施的作用，优化调度，提高效益，使饲喂更加简约有效；在环境监测阶段，有线或无线网络可以将温室内温度、湿度、光照度等数据传递给数据处理系统，如果传感器上报的参数超标，系统将出现阈值（Threshold Value）告警，并自动控制相关设备进行智能调节。

2. 畜产品加工环节自动化

物联网技术将进一步渗透到畜产品的深加工技术与设备中，使畜产品的深加工设备朝着自动化和智能化方向发展。在品质分级阶段，计算机视觉和图像识别技术可用于畜产品的品质自动识别和分级，如种蛋、蛋表面裂纹检测。肉、奶等产品根据营养成分进行自动分级，从而实现畜产品加工过程的自动远程控制，实现降低成本、提高生产效率和产品品质的目标。

3. 畜产品流通环节信息化

在畜产品运输阶段，可对运输车辆进行位置信息查询和视频监控，及时了解车厢内外的情况和调整车厢内温、湿度。还可对车辆进行防盗处理，一旦发现车锁被撬或车辆出现异常，自动进行报警。在存储阶段，通过将冷库内温、湿度变化的感知与计算机或手机的连接进行实时观察，记录现场情况以保证冷库内的温、湿度平衡，为畜产品的安全运送和存储保驾护航。在畜产品销售阶段，农产品可以实现网络展示与交易，瞬间完成信息流、资金流和实物流的交易，农产品电子商务已不再仅仅是产品供求交易的操作平台，而是前延至产前订单，后续至流通配送等一体化的综合平台，即紧紧围绕产业链环节，在信息化管理的平台上实现信息共享、管理对接和功能配套。

4. 畜产品消费环节可溯化

由集成应用电子标签、条码、传感器网络、移动通信网络和计算机网络等构建畜产品和食品追溯系统，可实现畜产品质量跟踪、溯源和可视数字化管理，即对畜产品从牧场到餐桌、从生产到销售全过程实行智能监控，及农产品安全信息在不同供应链主体之间进行无缝衔接。消费者购物时，只需根据商家提供的EPC（产品电子代码）标签，就可以通过电脑、手机、电话及扫描查询机等各种终端设备快捷方便地查询到畜产品从原料供应、生产、加工、流通到消费整个过程的信息，从而做出适当的购买决策，保障消费者的安全权、知情权、选择权和监督权。

三、智慧畜牧业应用示例

1. 奶牛智能饲喂系统

依据奶牛的生理特征、生活习性、养殖情况制定一套智能化管理系统，除了可以根据奶牛的体重、奶牛阶段、胎次、怀孕情况、生理周期、产奶量、奶质、环境等因素自动计算饲喂量实现基本的精饲料自动饲喂功能外，还可以根据用户要求进行功能扩展，完成诸如奶牛体重自动测量、奶牛活动情况的及时跟踪、发情监测、牛淘汰以及与其他系统的连接等功能，并且整个系

统实现智能化，使用方便，采用不同方案后可适合于不同规模的养殖场。

2. 猪智能饲喂系统

猪佩戴电子耳标，耳标读取设备进行读取，来判断猪的身份，传输给计算机，同时有称重传感器传输给计算机该猪的体重，机器人检测记录该猪的基本信息，系统根据终端获取的数据（耳标号、体重）和计算机管理者设定的数据运算出该猪当天需要的进食量，然后把这个进食量分量分时间地传输给饲喂设备为该猪下料。系统具有以下基本功能：①实现饲喂和数据统计运算的全自动功能。②耳标识别系统对进食的猪进行自动识别。③系统对每次进食猪耳标标号、进食时刻、进食用时，并根据体重及怀孕天数自动计算出当天的进食量。④自动测量猪的日体重，并计算出日增重。⑤系统对控制设备的运行状态、测定状况、猪异常情况进行全面的检测及系统报警。⑥系统实现时时数据备份功能，显示当前进食猪的状态。⑦自动分析猪的生长周期，饲料和产肉比，自动检测出栏时间、自动出栏。

3. 智慧养殖场环境监控

为实现生产资料生产环节智慧化，可利用智能传感器与区域内视频监控系统，对畜牧业生产环境信息的实时采集并远程实时报送。智能传感器采用不同的传感器节点构成无线网络，来测量区域内空气湿度、空气成分、温度、气压、光照度和 CO_2 浓度等物理量参数，同时将生物信息获取方法应用于无线传感器节点，通过各种仪器、仪表实时显示或作为自动控制的参变量参与到自动控制中，当环境超标时，数据可通过 GPRS 无线通信方式进行传输，一方面主机进行数据存储、分析并实施监管，另一方面系统报警，向管理人员发送报警信息。视频监控文件通过摄像机全部存储在视频服务器中，可在微机终端进行查看，管理人员可通过手机、平板电脑视频来了解现场动态情况，能及时分析畜禽的活动情况、进食情况。人工和机器的相互配合，为畜牧业生产和温室精准调控提供科学依据，优化畜禽生长环境，提高产量和品质。

4. 智慧畜牧业控制系统

智慧养殖系统采用无线技术 ZigBee 自动组网，系统架构和兼容传统产品设计思路，提供一套智慧、节能、安全的养殖方案。

智能畜牧业控制系统的主要特点为：①可自动采集，处理温度、湿度、风速、空气（如：CO、甲醛、温湿度等）、光照等环境参数，监测空气环境超标时，自动发送报警信息，及时分析数据，并联动改善畜牧业厂区的空气环境。②具有智慧喂食、智慧灯光、智慧灌溉、智慧监控、智慧环境监测、智慧安防、智慧报警、智慧通风、智能消毒等多种模式。用户可根据需要灵活选择应用，可实现中控室控制，手机、平板电脑遥控多种方式控制。③系统可以对现场的温、湿度限值进行设置和修改，系统可通过控制器或后台监控系统完成联动功能。④实现实时监测。通过手机或平板电脑就能远程查看情况，还能对监控区域畜牧的安全做保障，同时系统能完美地结合后台数据分析，对分析结果进行处理。

5. 智慧中控网

智慧主机系列是基于 ZigBee 协议的通信设备，可以将 ZigBee 无线网络随时联通互联网。通过智慧主机的连接，可以方便用户使用手机等各种移动智慧终端，轻松控制任何基于 ZigBee 协议的产品，实现无线数据高速、安全、可靠传输。根据不同需求，该系列提供不同型号控制主机，供用户自由选择，全方位满足用户所需。

功能特色：①内置 ZigBee 控制模块、电信、4G、5G 上网模块、wifi 上网模块。②兼容各种互联网协议。③局域网访问功能，无须加入互联网，即可控制基于 ZigBee 协议的产品。④支持设备运行状态指示。⑤无线通信稳定可靠。⑥ USB 接口供电功能。

第四节 未来智慧畜牧业技术和产品的研究方向与发展趋势

我国智慧畜牧业的建设暂时还处于探索和未成型的阶段。第一，急需建立共享标准、共享原则和政策、数据标准。第二，由于信息数据来源复杂，大数据概念的引入，如何更好地应用这些数据，是一个有待解决的难题。第三，在推进智慧畜牧业建设集约化、专业化、智能化的过程中，传递消息的准确性和网络支持，畜牧业信息网络和接收终端（多网合一传输技术、农用掌上电脑 HPC/PDA、机顶盒、多媒体接收终端 MRT）的研发和应用，也是未来畜牧业发展过程中的重要研究方向。第四，智慧畜牧业建设将是复杂的、知识高度密集的、大规模综合集成的系统工程，融合了计算机、网络、数据库、人工智能等最新技术，是需要完善的难题。第五，专家系统、决策支持系统及开发工具的开发和应用，可以使智慧畜牧业基础设施的运转、畜牧业技术的操作、畜牧业经营管理运行，通过网络信息的传输全面实现自动化调节和控制。

除此之外，以 3S 技术（RS、GPS、GIS）为代表的精准畜牧业产品开发，虚拟畜牧业技术研究与应用，节能技术研究应用，精准畜牧（动物生长模型、养殖模型、饲喂模型等），食品安全技术（空间定位、个体识别、食品检测、

监测、追溯等），流通与商务技术（现代物流、电子商务、电子支付、电子认证、市场预测决策等）等方向的研究，都将大大减少智慧畜牧业发展过程中的盲目性，为国家创造巨大的生态效益、社会效益和经济效益，对促进畜牧业产业的持续、健康和跨越式发展产生深远的影响。

参考文献

[1] 黄梯云．管理信息系统（第 5 版）[M]. 北京：高等教育出版社，2014.

[2] 薛华成．管理信息系统（第 6 版）[M]. 北京：清华大学出版社，2012.

[3] 涂同明，涂俊一，杜风珍 [M]. 武汉：湖北科学技术出版社，2011.

[4] 朱军，麻硕士，毕玉革，等．我国农牧业信息化的发展现状及趋势 [J]. 农机化研究，2010（4）：199-204.

[5] 邹剑敏，黄胜海．对我国畜牧业信息建设与应用的思考 [J]. 农业网络信息，2007（1）：4-9.

[6 林顺玉，陈宇．管理信息系统 [M]. 北京：中国人民大学出版社，1994.

[7] 籍延宝．农业主要病虫害监测预警系统通用平台的开发及初步应用 [D]. 中国农业大学，2014.

[8] 张宇．基于物联网技术的农业专家系统的研究与实现 [J]. 农业与技术，2014（11）：23.

[9] 豆增发．基于可拓规则和案例推理的混合专家系统 [D]. 西安电子科技大学，2007.

[10] 李俊山，罗蓉，赵方舟．数据库原理及应用《数据库原理及应用（SQLServer）》（第二版）[M]. 北京：清华大学出版社，2009.

[11] 王珊，萨师煊．数据库系统概论（第四版）[M]. 北京：高等教育出版社，2014.

[12] 王琼，陈新文，温希军，等．新疆畜牧数据库的研究与开发 [J]. 农业网络信息，2010（8）：44-45.

[13] 赵春江，服本海．数字畜牧信息标准研究—畜牧卷 [M]. 北京：中国农业科技出版社，2005.

[14] 张继慈，王琪，陈新文，等．中国畜牧文献数据库的建立与应用 [J]. 农业图书情报学刊，1995（2）：37-38.

[15] 韩静．基于网络的红星农场畜牧管理信息系统的研究与开发 [D]. 黑龙江八一农垦大学，2009.

[16] 吴建华 . 畜牧生产关键技术 [M]. 北京：高等教育出版社，2012.
[17] 山东畜牧兽医学会养猪专业委员会第一届学术研讨会论文集 [C]. 山东畜牧兽医学会，2007：34.
[18] 阮伟玲，彭培好，贾凯，等 . 畜牧站 Access 数据库的设计与实现 [J]. 四川畜牧兽医，2013（8）：27-29.
[19] 别文群，缪兴锋 . 物流信息管理系统 [M]. 广州：华南理工大学出版社，2009.
[20] 张力，许尚忠，姚军 . 肉牛饲料配制及配方 [M]. 北京：中国农业出版社，2003.
[21] 肖定汉 . 奶牛养殖与疾病防治 [M]. 北京：中国农业大学出版社，2004.
[22] 徐照学 . 奶牛饲养技术手册 [M]. 北京：中国农业出版社，2003.
[23] 杨志强 . 微量元素与动物疾病 [M]. 北京：中国农业科技出版社，1998.
[24] 郭健，李文辉，杨博辉，等 . 甘肃高山细毛羊的育成和发展 [M]. 北京：中国农业科技出版社，2011.
[25] 姜勋平，丁家桐，杨利国 . 肉羊繁育新技术 [M]. 北京：中国农业科技出版社，1999.
[26] 肖调义 . 现代养殖技术与实训 [M]. 北京：高等教育出版社，2012.
[27] 周学辉，杨世柱，李伟 . 中药饲料添加剂“速肥绿药”对架子牛育肥试验 [J]. 中兽医医药杂志，2012，31（2）：49-51.
[28] 周学辉，杨世柱，李伟等 . 中草药饲料添加剂对河西肉牛血液生化指标影响的研究 [J]. 中国草食动物科学，2012，32（6）：23-25
[29] 吴建华 . 畜牧生产关键技术 [M]. 北京：高等教育出版社，2012.
[30] 肖调义 . 养殖专业教学法 [M]. 北京：高等教育出版社，2012.
[31] 胡迎春 . 职业教育教学法 [M]. 上海：华东师范大学出版社，2010.
[32] 孟庆国 . 现代职业教育教学论 [M]. 北京：北京师范大学出版社，2009.
[33] 徐英俊 . 职业教育教学论 [M]. 北京：知识产权出版社，2012.
[34] 萧承慎 . 教学法三讲 [M]. 福州：福建教育出版社，2009.
[35] 邢晖 . 职业教育管理实务参考 [M]. 北京：学苑出版社，2014.